安徽畜禽遗传资源志

Livestock and Poultry
Genetic Resources In Anhui

安徽省农业农村厅
安徽省畜禽遗传资源保护中心
组编

中国农业出版社
北 京

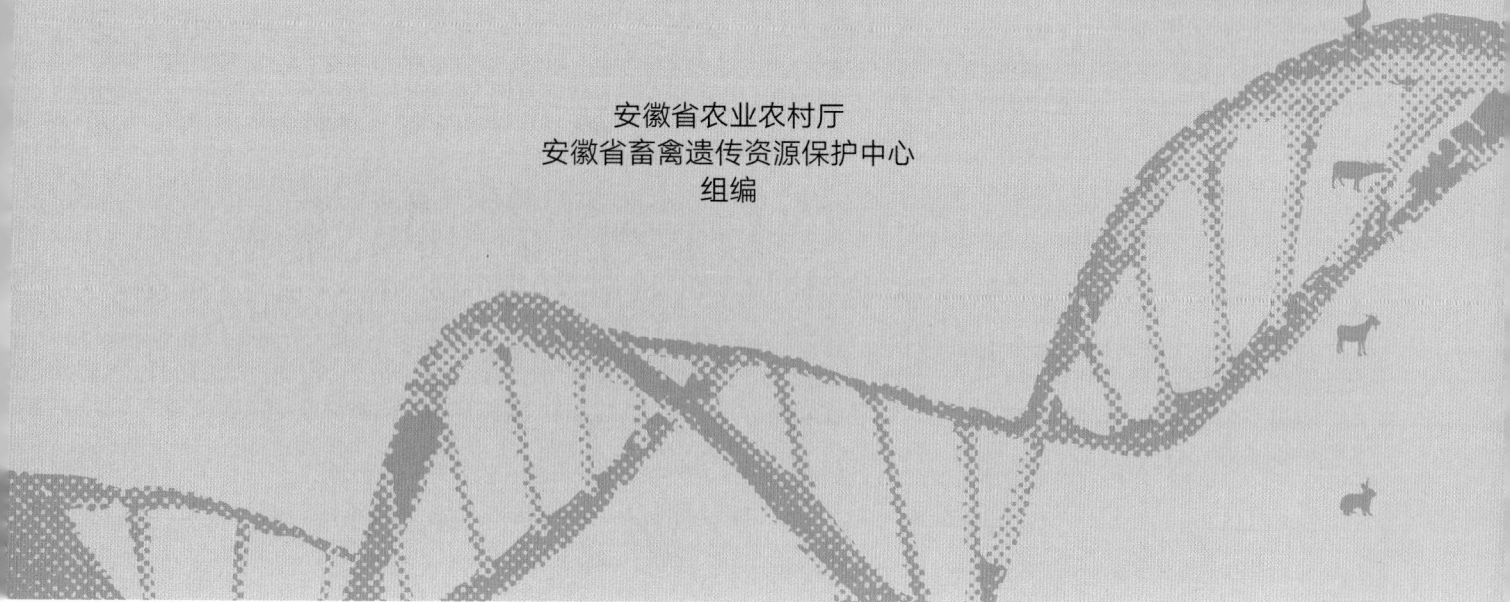

图书在版编目（CIP）数据

安徽畜禽遗传资源志 / 安徽省农业农村厅，安徽省
畜禽遗传资源保护中心组编 . -- 北京：中国农业出版社，
2025.8. -- ISBN 978-7-109-33325-3

Ⅰ . S813.9

中国国家版本馆 CIP 数据核字第 2025Z79J84 号

ANHUI CHUQIN YICHUAN ZIYUANZHI

中国农业出版社出版

地址：北京市朝阳区麦子店街 18 号楼

邮编：100125

责任编辑：张艳晶

版式设计：刘亚宁　　责任校对：吴丽婷　　责任印制：王　宏

印刷：北京中科印刷有限公司

版次：2025 年 8 月第 1 版

印次：2025 年 8 月北京第 1 次印刷

发行：新华书店北京发行所

开本：889mm×1194mm　1/16

印张：13

字数：380 千字

定价：228.00 元

编委会

主　任　汪学军

副主任　潘　鑫　程　燚　汤　洋　操海群　李升和

　　　　赵皖平　董卫星

委　员（按姓氏笔画排序）

　　　　王立克　王明辉　占松鹤　朱良强　刘　军

　　　　李赛明　张　莉　张子军　周　策　胡　涛

　　　　耿照玉　章孝荣　詹　凯

编写组

主　编　潘　鑫　汤　洋

副主编（按姓氏笔画排序）

　　　　王明辉　占松鹤　刘　军　李赛明

成　员（按姓氏笔画排序）

　　　　王　恒　王立克　王重龙　王俊生　方国跃

　　　　田传春　朱良强　华金玲　许大双　杨秀娟

　　　　吴惠娟　汪美莲　张　伟　张　莉　张子军

　　　　张运海　周宏华　孟祥金　赵辉玲　姜润深

　　　　耿照玉　贾玉堂　倪泽兰　殷宗俊　凌英会

　　　　郭腾龙　席海龙　唐　骏　涂小璐　程　敏

　　　　程智中　谢艳霞　詹　凯

序

一粒种子可以改变一个世界，一个基因能够繁荣一个产业。畜禽遗传资源是生物多样性的重要组成部分，是现代畜牧业发展的重大战略性种质资源，是培育畜禽新品种的源头活水，关系着畜禽产品稳定安全供给和畜牧业高质量发展。

习近平总书记强调，要打牢种质资源基础，做好资源普查收集、鉴定评价工作，切实保护好、利用好。农业农村部于2021—2023年，组织开展了第三次全国畜禽遗传资源普查。安徽省组织实施了新中国成立以来规模最大、覆盖范围最广、技术要求最高、参与人员最多的畜禽遗传资源全面普查，摸清了全省畜禽遗传资源家底。

作为此次普查的标志性成果，我们组织编纂出版的《安徽畜禽遗传资源志》，以此次普查数据为基础，充分吸收了1979年、2006年两次畜禽遗传资源调查成果，全面、科学、系统介绍了安徽省40个畜禽遗传资源和2个蜂遗传资源的历史溯源、消长变化、产区分布、体型外貌、生产性能和保护利用情况，翔实记录了畜禽遗传资源的经济价值、生态价值、文化价值和潜在价值，是一部集学术性、资料性、科普性于一体的专著，为安徽省畜禽遗传资源的有效保护、合理利用和系统开发提供了科学依据，也为畜牧业生产、资源评价与科研教学提供了有益参考。

《安徽畜禽遗传资源志》凝聚了安徽省广大畜牧兽医领域科技工作者、技术推广人员和从业者的智慧与心血。值此志出版之际，谨向大家表示衷心的感谢！希望大家再接再厉，把安徽省畜禽遗传资源保护好、开发好、利用好，为加快推进种业振兴、促进畜牧业高质量发展作出新的更大贡献！

安徽省农业农村厅厅长 汪学军

2025年元月

前言

畜禽遗传资源是人类在漫长的历史长河中，通过长期自然选择和驯化而形成的具有独特遗传特性和生产性能的畜禽品种，承载着深厚的经济、文化和社会价值，是生物多样性的重要组成部分，是畜禽种业创新和现代畜牧业发展的物质基础，是保障国家畜产品供给的重要战略资源。

（一）

为摸清安徽省畜禽遗传资源状况，20世纪50年代、60年代，安徽省陆续开展了皖南花猪、大别山牛、安徽白山羊、淮北麻鸡等地方品种调查，受条件限制，形成的资料不够完整、系统。

20世纪70年代末，按照农林部的部署，安徽省第一次较全面系统地开展了畜禽遗传资源调查。依据调查结果，1983年安徽省家畜家禽品种志和图谱编辑委员会编写完成《畜禽品种志材料》，收录了21个地方品种，从产地与分布、品种形成、特征特性、评价与展望等方面对各个品种进行介绍；1984年，安徽省农牧渔业厅畜牧局组织编制《安徽省地方家畜家禽蜜蜂品种》（包含19个地方品种标准），并于1987年由安徽省标准计量局发布。

2006年，按照农业部统一部署，安徽省组织实施了第二次畜禽遗传资源调查，历时4年，全面完成畜禽遗传资源调查任务。新发现黄山黑鸡、枞阳媒鸭、五华鸡、江淮水牛等4个畜禽遗传资源；重新梳理了畜种类别，将《中国猪品种志》（1986年版）圩猪中的皖南黑猪类群独立为一个品种资源，将枞阳黑猪归并为圩猪的一个类群，宣州鸡更名为皖南三黄鸡。安徽省畜禽遗传资源保护中心组织编写了44个品种资源的调查报告，为国家编纂《中国畜禽遗传资源志》（2011年版）提供了一手资料。

2021年，农业农村部部署开展第三次全国农业种质资源普查。同年，安徽省农业农村厅成立农业种质资源普查工作领导小组，厅主要负责同志任组长，印发了《第三次全省畜禽遗传资源普查工作方案（2021—2023年）》，成立省、市、县三级普查专家组和工作组。历时3年，共调查测定畜禽蜂超过1 313万只（头、箱），采集分析数据29万条，拍摄影像资料和品种照片18.5万幅，实现了普查区域全覆盖、品种全覆盖，发现了祁门豆花鸡、千秋山羊等新资源，并相继通过国家畜禽遗传资源委员会鉴定。编写了《安徽省畜禽遗传资源状况报告》和 40 个品种的资源调查报告。此次普查，全面摸清了安徽省畜禽遗传资源家底，为编纂《安徽畜禽遗传资源志》提供了重要基础资料。

（二）

安徽省地处暖温带与亚热带的过渡地带，长江、淮河横贯全境东西，黄山、大别山雄峙长江南北，淮北平原广袤千里，江淮和沿江丘陵起伏东延。气候明显的过渡性和地形显著的差异性，形成了安徽省家畜家禽品种的多样性。

第三次畜禽遗传资源普查结果显示，安徽省已知畜禽资源 25 个畜种 137 个品种，蜂 2 个品种，共 139 个品种。原产于安徽省的地方品种共 28 个，其中：猪 5 个，牛 5 个，羊 3 个，驴 1 个，鸡 8 个，鸭 2 个，鹅 2 个；蜂 2 个。地方品种猪、家禽全省均有分布；牛主要分布在皖南、大别山及江淮地区；羊、驴主要分布于皖北及江淮之间；蜂主要分布在皖南、大别山区。与第二次畜禽遗传资源调查相比，从地方品种的分布区域看，猪、驴品种有所缩减；牛、羊、水禽品种基本稳定；鸡、蜂品种有所扩大。从地方品种的群体数量看，圩猪、皖北猪减少明显，处于危险等级，其余猪品种数量均有不同程度的上升；牛、羊、驴、家禽品种整体下降；蜂品种数量增加。

（三）

为了加强畜禽遗传资源保护和合理利用，安徽省因地制宜，逐步构建了以国家为主、多元参与的畜禽遗传资源保护体系。

一是加强制度建设。依据国家有关法律法规和政策性文件，结合实际情况，安徽省相继出台了《安徽省种畜禽管理办法》《关于加强畜禽遗传资源保护利用促进畜禽种业发展的意见》《关于加强农业种质资源保护与利用的实施意见》《关于促进畜牧业高质量发展的实施意见》《安徽省畜禽遗传资源保种场保护区和基因库管理暂行办法》。2021 年，安徽省委、省政府印发《加快推进种业振兴打造种业强省行动方案》，将畜禽遗传资源保护列在五大行动之首，并纳入省政府目标管理绩效考核和乡村振兴战略实绩考核。

二是完善体制机制。1999 年，安徽省农业厅批准成立了安徽省家畜禽遗传资源管理委员会，2014 年更名为安徽省畜禽遗传资源委员会，负责全省畜禽遗传资源鉴定、畜禽新品种（配套系）审定、技术培训、推广和立法咨询等工作；2007 年，成立安徽省畜禽遗传资源保护中心，这是全国首个成立以从事畜禽遗传资源管理与技术指导的省级专门机构，主要负责开展畜禽地方品种遗传资源普查、保护和开发利用工作；2019 年，安徽省农业农村厅内设种业管理处，将畜禽遗传资源纳入农业种质资源统一管理。2023 年组建由 30 名专家构成的省级畜禽遗传资源保护专家团队，开展"一对一"技术服务。

三是规范保护名录。按照"分级管理、重点保护"的原则，根据畜禽遗传资源状况，及时制定、调整并公布省级畜禽遗传资源保护名录。2009 年，安徽省农业委员会公布了《安徽省省级畜禽遗传资源保护名录》（以下简称《名录》），将皖南花猪等 26 个畜禽品种列为省级畜禽遗传资源保护品种。2016 年对《名录》进行了第一次修订，增补江淮水牛、皖东牛、小尾寒羊等 3 个品种；2023 年安徽省农业农村厅对《名录》进行了第二次修订，增补祁门豆花鸡 1 个品种，进一步规范部分品种名称、归并部分类群，确定皖南黑猪等共 27 个品种为省级畜禽遗传资源保护品种。其中，安庆六白猪、皖南黑猪、淮猪、小尾寒羊、皖西白鹅、中蜂等 6 个品种，被农业农村部确定为国家级畜禽遗传资源保护品种。

四是落实主体责任。按照"活体保护为主，遗传材料保护为辅"的原则，20 世纪 80 年代，安徽省初步建设了圩猪、安庆六白猪、淮南麻黄鸡、皖西白鹅、雁鹅等 8 个品种保种场。至 2021 年，安徽省共确立 50 个省级畜禽遗传资源保种场（其中 5 家被农业农村部确认为国家畜禽遗传资源保种场），3 个保护区，2 个基因库，签订了"省农业农村厅 + 资源所在地政府 + 保护单位"畜禽遗传资源保护三方协议书。截至 2023 年年底，省级基因库共计保存地方品种遗传材料 9.5 万份，累计送交国家基因库保存 4.4 万份。

（四）

安徽省坚持创新引领，以保促用，以用促保，不断推进畜禽遗传资源开发利用工作。

一是加强平台建设。2007 年，安徽省在滁州市南谯区建立种猪生产性能测定中心；2008 年，安徽省科技厅批复安徽省畜禽遗传资源保护中心与安徽农业大学动物科技学院共建安徽地方畜禽遗传资源保护与生物育种安徽省重点实验室（2023 年更名为安徽地方畜禽遗传资源保护与种质创新安徽省重点实验室）；2021 年，围绕安徽省主导品种和制约种业发展的"卡脖子"领域，通过"揭榜挂帅"方式，成立联合攻关团队，组织实施瘦肉型猪、地方猪、肉牛、肉羊、肉鸡等畜禽良种联合攻关；2022 年，依托安徽农业大学建设了畜禽种质资源分子鉴定平台，依托安徽省农业科学院建设了安徽省生猪和肉牛生产性能测定和遗传评估中心；2023 年，安徽省科技厅认定了 4 家畜禽种业安徽省企业研发中心，安徽省农业科学院、安徽农业大学、安徽科技学院分别牵头组建了肉牛产业协同创新研究院、肉牛产业研究院、安徽肉牛现代产业学院。

二是强化基地建设。自 20 世纪 50 年代，安徽省相继在淮北和淮南建立了一批商品瘦肉猪基地县和山羊板皮基地县，在巢湖建立了水禽基地，在皖西建立了白鹅羽绒基地，在皖南建立了良种猪杂交繁育体系；1979 年成立了安徽省家畜品种改良站，在全省有计划地实施黄牛、生猪杂交改良和引进、饲养推广外来品种（猪、牛、羊、蛋鸡），有力推动了安徽省畜牧业发展和畜禽良种化进程。2008 年以来，安徽省认真落实全国畜禽遗传改良计划，开展国家和省级畜禽育种核心场遴选，创建一批良种繁育基地。截至 2023 年，安徽省共创建省级以上畜禽核心育种场 30 家，其中国家畜禽核心育种场（含扩繁基地）共有17 家。

　　三是坚持品种创新。2006—2020 年，安徽省先后培育的皖江麻鸡配套系、皖江黄鸡配套系、皖南黄鸡配套系、凤达 1 号蛋鸡配套系、皖南青脚鸡配套系、皖系长毛兔等 6 个新品种（配套系）通过国家畜禽遗传资源委员会审定；凤达粉壳乌骨蛋鸡配套系、凤达绿壳乌骨蛋鸡配套系、富安白鹅配套系、山中鲜鸡配套系、五星黄鸡配套系、乡鸡配套系、淮猪 02 号配套系、意蜂九州 1 号配套系、意蜂九州 2 号配套系、意蜂九州 3 号配套系等10 个新品种（配套系）通过省级审定；2020 年以来，安徽省培育的强英鸭、皖南黄兔、皖临白山羊、徽鲜鸡等 4 个新品种（配套系）通过国家畜禽遗传资源委员会审定。

　　四是推进产业开发。近年来，各地依据自然禀赋、产业优势、区域特点，以杂交利用、创建特色品牌、开发高端特色产品、挖掘文化价值、与乡村振兴相结合等方式，做大做强了一批"皖字号"地方畜禽企业。以安庆六白猪、皖南黑猪、淮猪等地方品种创建一批特色高端产品，已注册了"程岭黑山猪""皖南黑""皖玉香"等一系列近 20 个品牌商标；以皖南牛、大别山牛为基础，开发高端大理石纹牛肉；六安市等地形成了以皖西白鹅养殖基地为基础、以加工企业和专业市场为龙头的产业集群，宣城市围绕皖南三黄鸡全产业链发展打造"宣州鸡"区域公共品牌；11 家主营地方畜禽品种产品的企业入选长三角绿色农产品加工供应基地。

（五）

　　《安徽畜禽遗传资源志》（以下简称《志书》）是在第三次全省畜禽遗传资源普查工作的基础上，组织编写后形成的。《志书》编写体现三大特点：一是力求全面系统。以安徽地方品种为主，兼顾已通过国家或省级审定的畜禽培育品种（配套系）。全书入编了 40 个畜禽遗传资源、2 个蜂遗传资源。志书篇目包括：序、前言、目录、各论 4 个部分。在编排上，按猪、牛、羊、驴、家禽、蜂依次排序，先地方品种，后培育品种。二是坚持守正创新。以第三次全国畜禽遗传资源普查上报国家畜禽遗传资源平台数据为基本依据，全面、科学、系统地反映安徽省畜禽遗传资源状况，特别是近十年畜禽遗传资源数量、分布、性状等方面的变化及开发利用的最新进展，同时，参考了前两次畜禽遗传资源调查资料，以及《畜禽品种志材料》（1983年版）、《安徽省地方家畜家禽蜜蜂品种》（1987年版）、《中国畜禽遗传资源志》（2011年版）等内容，有些素材或数据还参考了安徽省科技人员公开发表的科研成果。三是突出安徽特色。为全面、客观、准确记录安徽省畜禽遗传资源发掘、保护与利用的生动实践，原产地跨省的地方品种在本志书中仅介绍安徽省的相关情况。《志书》内容及表现形式有所拓展，除品种基本情况外，还收录了品种来源的历史资料、原产地的群体图片、本品种杂交利用情况，以及标准制定、地理标志产品、品牌建设、地方资源开发利用、市场拓展等内容，图文并茂、内容翔实，融学术性、资料性、科普性于一体，为进一步研究、保护、开发利用安徽畜禽遗传资源提供科学依据及有益参考。

《志书》编写是在安徽省农业农村厅组织领导下，在安徽省农业科学院、安徽农业大学、安徽科技学院等单位大力支持下，由各级农业农村系统组织人员对当地畜禽遗传资源进行普查、测定，提供普查数据和编写素材，凝聚着参加历次调查、普查及资料撰写的前辈们的智慧与心血，也承载着畜禽资源管理、技术推广、养殖行业等方面的专家和技术人员的无私奉献。在此，谨向为《志书》编写提供直接或间接支持和帮助的单位和个人，特别是积极投身基层一线普查与测定的广大科技工作者、企业界同仁表示衷心的感谢。

限于专业水平和资料条件，疏漏之处在所难免，敬请读者不吝指正。

《安徽畜禽遗传资源志》编委会

2024年12月

目录

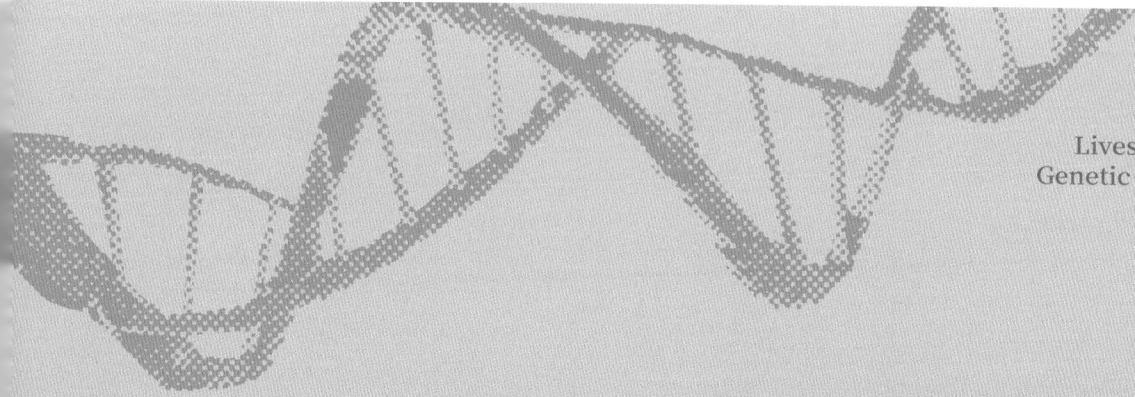

猪

概述

一、安徽省地方猪种质资源的溯源

据史料记载，安徽省养猪始于新石器时期中晚期。亳州富庄、潜山薛家岗、肥西古埂、蚌埠双墩、定远侯家寨等新石器时代遗址中，发现大量野猪和家猪的骨骼，其中主要是家猪骨骼。战国时，开始养猪积肥，随着汉代牛耕法的推行和农业生产的发展，舍饲养猪积肥已极为普遍。全椒县卜集乡杨庄农场出土的汉墓文物中，有一带运动场的陶猪舍，其构造布局类似今安徽江南一带猪圈。寿县汉墓出土的陶楼厕，是一件猪圈、人厕结合的三层楼的陶模型，其格局与历史上安徽北方农村养猪采用的"联茅厕"（底层猪圈，上层茅厕）类同。隋代，安徽江淮流域，已畜养性能优良的猪种。据《安徽省志·农业志（1988年版）》记载，"合肥隋开皇八年（586年）伏波将军墓出土的陶猪中，一头处于哺乳后期的母猪，体躯瘦削，而其乳房一侧伏卧的乳猪个个肥硕健壮"可为佐证。

安徽地方猪种的形成，与当时的自然生态条件和社会环境密切相关。魏晋南北朝（220—589年）和12世纪南宋时期，淮北平原曾遭受两次战争的破坏，北方人口南移，将北方的猪种南迁至安徽淮河两岸和大别山区。皖北平原农作物丰富，饲草、饲料资源充足，在此形成了体型较大的皖北猪类群；淮河以南丘陵地区和大别山区形成了体型中等的定远猪和霍寿黑猪两个类群；霍寿黑猪向西南大别山区方向迁移过程中，与江西花猪杂交选育逐渐形成了体型较小的安庆六白猪。

自西汉以来，芜湖便是南北商务枢纽，位于青弋江中段的青弋江镇是苗猪的主要交易场所。两岸圩区的百姓多购买小母猪饲养，经过长期选择，逐步形成了产仔多的圩猪。部分圩猪迁移到黄山北部的山区饲养，逐渐形成体型中等、骨粗皮厚的皖南黑猪。黄山南部山区的歙县、休宁县等地与浙江省的淳安县，同属新安江流域，通过水路两地猪种交流频繁，在气候暖湿的黄山南部山区，逐步形成体型中等、松皮大骨的皖南花猪。

二、安徽省地方猪种质资源的分类与分布

（一）安徽省地方猪种质资源的分类

1960年，我国将地方猪种分为华北型、华南型、华中型、高原型、华北华中过渡型和西南型。1975年，《中国猪种》将华北华中过渡型改为江海型。1986年版《中国猪品种志》，将安徽省的皖北猪、定远猪归为华北型，皖南花猪归为华中型，圩猪、安庆六白猪归为江海型。2011年版《中国畜禽遗传资源志·猪志》中不再作此分类。

为解决猪遗传资源"同种异名"的问题。1986年版《中国猪品种志》中，将同属新安江流域、品种特性相似的皖南花猪和淳安花猪统称为"皖浙花猪"。2011年版《中国畜禽遗传资源志·猪志》中，将同属于淮河流域、品种特性相似的淮北猪、山猪、灶猪、定远猪、皖北猪、淮南猪统称为淮猪；将同属于长江流域圩区，品种特性相似的芜湖黑猪、宣城黑猪及枞阳黑猪统称为圩猪；将同属于皖南山区北部地区、品种特性相似的杨山黑猪、绩溪黑猪统称为皖南黑猪。

（二）安徽省地方猪种质资源的分布

安庆六白猪主要分布于安庆市太湖县、宿松县、望江县、怀宁县等地；圩猪主要分布于芜湖市湾沚区、三山经开区、南陵县，宣城市广德市、郎溪县、泾县等地；枞阳黑猪主要分布于铜陵市枞阳县和安庆市桐城市等地；定远猪主要分布于滁州市定远县、合肥市肥东县等地；霍寿黑猪主要分布于六安市霍邱县、霍山县、裕安区、金安区和淮南市寿县等地；皖北猪主要分布于阜阳市颍上县、太和县和亳州市利辛县等地；皖南黑猪主要分布于宣城市绩溪县、广德市、宁国市、旌德县、泾县等地；皖浙花猪主要分布于黄山市黟县、休宁县、歙县、徽州区等地。

三、安徽省地方猪种质资源状况

2021年第三次全国畜禽遗传资源普查显示，安徽省5个地方猪品种（8个类群）的群体数量为34 487头，其中，皖北猪480头，霍寿黑猪10 537头，定远猪2 021头，圩猪1 939头，枞阳黑猪1 401头，安庆六白猪4 617头，皖南黑猪4 934头，皖浙花猪8 558头。

四、安徽省地方猪种质资源的保护与利用

（一）安徽省地方猪种质资源的保护

2009年，安徽省农业委员会首次公布《安徽省省级畜禽遗传资源保护名录》，其中地方猪保护品种8个，分别为定远猪、皖北猪、霍寿黑猪、圩猪、枞阳黑猪、安庆六白猪、皖南黑猪和皖南花猪。2016年，第一次修订省级畜禽遗传资源保护名录，猪遗传资源的保护名录保持不变。2023年，再次修订省级畜禽遗传资源保护名录，为与《国家畜禽遗传资源品种名录（2021年版）》保持一致，将定远猪、皖北猪、霍寿黑猪归为淮猪，皖南花猪修订为皖浙花猪（皖南花猪）。

2021年，农业农村部公布了205个国家畜禽遗传资源保种场保护区和基因库，安徽省2个安庆六白猪保种场，1个淮猪保种场和1个皖南黑猪保种场名列其中。2021年，安徽省农业农村厅确定了16个省级地方猪保种场、1个省级地方猪保护区和1个省级家畜基因库。2023年年底，省级家畜基因库共制作保存了安徽省地方猪遗传材料36 487份，其中冻精35 560剂、体细胞542份、组织样本345份。

（二）安徽省地方猪种质资源的开发利用

安徽省各级党委政府高度重视地方猪保护利用工作，支持企业与科研院所、高等学校等开展合作，加大地方猪遗传资源的开发和利用，大力发展特色农业产业，相关企业分别注册了"程岭黑山猪""皖南黑""檽根香""皖玉香""悠悠猪"等一系列品牌商标。

为规范地方品种猪的选育、选种和饲养，农业农村部发布了《安庆六白猪》（NY/T 3794—2020）等 2 项行业标准。安徽省制定并发布了《定远猪》（DB34/T 1393—2011）等 14 项地方标准和饲养规程。

皖南黑猪

皖南黑猪（Wannan black pig），俗称杨山猪、狮桥猪、荆州黑铁，包括杨山黑猪和绩溪黑猪两个类群，属肉脂兼用型地方品种。

一、一般情况

（一）产区及分布

皖南黑猪原产地为皖南山区，安徽省中心产区位于宣城市广德市邱村镇和绩溪县金沙镇、临溪镇，主要分布于宣城市绩溪县、广德市、宁国市、旌德县、泾县和黄山市黟县等地，湖北省也有饲养。

（二）产地自然生态条件

皖南黑猪原产地位于北纬 29°57′—30°37′、东经 118°20′—119°24′，地处天目山山脉西和黄山山脉北结合带，海拔 30 ~ 1 787.4 m。产区属北亚热带季风性气候向亚热带湿润季风气候过渡地带，四季分明，阳光充足，雨量适中。年平均气温 15.8 ~ 17.6℃，年最高气温 42℃，年最低气温 −12.2℃；年平均日照时数 1 545.4 ~ 1 974.3h；无霜期 210 ~ 233d；年平均降水量 1 400.0 ~ 1 630.3mm；年平均相对湿度 75%。境内河流有水阳江和青弋江等。土壤类型主要有红壤、水稻土、紫色土等。主要农作物有水稻、小麦、玉米、大豆、甘薯、茶叶、油菜等。

（三）饲养管理

历史上，皖南黑猪在皖南山区生长，终年舍饲，常年以饲喂农作物茎秆、青绿饲料、米糠为主，仅母猪孕期和哺乳期补饲粥、豆浆等。

随着城镇化进程加快，农户饲养量减少，目前主要是规模化饲养。主要采用自然交配，辅以人工授精。猪舍以水泥地面大栏饲养为主。饲喂以配合饲料为主，搭配部分青绿饲料，公母猪不同生长阶段采取不同的饲料配方。

二、品种来源与变化

（一）品种形成

据《宁国县志》（1952 年）记载，清朝末年安徽省宁国地区大批移民带进了花猪和黑猪，由于交通不便加之当地农作物和野生饲草丰富，经长期选育形成杨山黑猪这一地方品种，并因产自杨山村而得名。

据《绩溪县志》（1951年）和《徽州府志》（1936年）记载，早在元朝前当地已盛行杀猪祭祖，过年腌制腊肉、火腿，制作工艺十分考究，至今仍有这种习惯。当地劳动人民利用该地区生态条件和经济条件，经长期选育形成了具有耐青饲、性情温驯等特点的猪种，俗称"荆州黑铁"，后定名为绩溪黑猪。

1954年起安徽省农业厅、安徽农学院和安徽省农业科学院等会同宣城和徽州地区的有关县农业局，于1958年、1964年、1982年分别进行了考察调查，认为皖南山区的黑猪是一个独立猪种，1982年经鉴定，杨山黑猪与绩溪黑猪统称为皖南黑猪，被列入《畜禽品种志材料》（1983年版）。

（二）群体数量及变化情况

1982年，绩溪县存栏皖南黑猪种公猪108头，能繁母猪6690头；宁国县存栏种公猪116头，能繁母猪5800头。1999年，皖南黑猪能繁母猪存栏500余头。2007年宁国、绩溪等地的皖南黑猪存栏量约2500头，其中公猪60余头，母猪约2400头。2021年，皖南黑猪群体数量4934头，其中种公猪97头，能繁母猪1531头。

三、体型外貌特征

（一）外貌特征

皖南黑猪全身被毛黑色，公猪有鬃；肤色灰白。四肢发育良好，后肢少量卧系；尾长25～30cm；部分公猪有獠牙。母猪有效乳头数7～8对。

根据头型，皖南黑猪可分为狮头型和马脸型两种类型。

狮头型：体型较大，体质较粗糙、疏松。头宽，嘴短微翘，额部皱纹深而明显，呈"公"字形，或八卦形。耳大、下垂，耳根较软。腹大、略下垂，臀部微斜。骨粗皮厚，飞节及体侧常有2～3条粗深皱褶。

马脸型：体型中等，体质较细致、紧凑。嘴筒较长而直，额部皱纹细浅，多呈菱形分布。耳稍小而尖，微前倾。背腰较宽而平直，后躯较丰满，飞节和体侧很少有皱褶。

皖南黑猪公猪

皖南黑猪母猪

（二）体重和体尺

皖南黑猪成年体重和体尺见表1。

表1 皖南黑猪成年体重和体尺

性别	体重 (kg)	体长 (cm)	体高 (cm)	胸围 (cm)	背高 (cm)	胸深 (cm)	腹围 (cm)	管围 (cm)	活体背膘厚 （mm）
公	119.9±7.7	136.8±6.5	70.1±6.9	129.5±7.2	68.2±7.0	41.0±2.4	139.7±7.2	19.3±0.9	39.1±1.0
母	118.2±5.5	128.0±5.2	62.0±4.2	127.2±6.6	60.0±4.4	40.4±2.2	151.1±7.1	18.3±1.2	40.9±1.3

注：2022年11月由安徽农业大学在广德市三溪生态农业有限公司测定成年公猪24头、母猪56头（圈养）。

四、生产性能

（一）生长发育

皖南黑猪生长发育测定结果见表2。

表2 皖南黑猪生长发育

性别	初生重 (kg)	断奶日龄	断奶重 （kg）	保育期末日龄	保育期末重 （kg）	120日龄体重 （kg）
公	0.8±0.1	29	5.4±0.1	90	23.3±0.5	31.2±0.6
母	0.7±0.1	29	5.5±0.1	90	23.1±0.5	31.0±2.5

注：2021年11月至2022年3月由安徽农业大学在广德市三溪生态农业有限公司测定公、母猪各15头（圈养）。

（二）育肥性能

皖南黑猪育肥性能见表3。

表3 皖南黑猪育肥性能

性 别	育肥起测日龄	育肥起测体重 （kg）	育肥结测日龄	育肥结测体重 （kg）	育肥期耗料量 （kg）	育肥期日增重 （g）	育肥期料重比
公	120	30.4±0.7	310	99.5±2.0	300.2±14.2	363.3±11.5	4.3±0.1
母	120	29.7±1.0	310	101.9±1.6	311.9±12.2	380.0±10.8	4.3±0.1

注：2022年3—9月由安徽农业大学在广德市三溪生态农业有限公司测定公、母猪各15头（圈养）。

（三）屠宰性能

皖南黑猪屠宰性能见表4。

表4　皖南黑猪屠宰性能

性别	屠宰日龄	宰前活重（kg）	平均背膘厚（mm）	6～7肋处皮厚（mm）	眼肌面积（cm²）	皮率（%）	骨率（%）	肥肉率（%）	瘦肉率（%）	屠宰率（%）	肋骨对数
公	316.4±0.8	101.2±6.0	50.0±4.3	4.3±0.9	33.6±3.5	8.7±0.5	7.0±0.3	43.8±1.5	40.5±1.4	75.1±1.7	14
母	314.5±2.3	104.2±2.5	47.0±3.6	5.1±0.9	35.2±2.7	8.7±0.4	6.8±0.4	43.0±1.8	40.8±1.6	75.4±2.6	14

注：2021年11月、2022年1月由安徽农业大学在广德市三溪生态农业有限公司测定公、母猪各10头（圈养）。

（四）胴体肌肉品质

皖南黑猪胴体肌肉品质见表5。

表5　皖南黑猪胴体肌肉品质

性别	肉色评分	pH_{1h}	pH_{24h}	滴水损失（%）	大理石纹评分	肌内脂肪含量（%）	剪切力（N）
公	4.2±0.2	6.2±0.3	5.9±0.2	5.0±0.6	4.3±0.3	3.4±0.1	21.6±2.9
母	4.3±0.3	6.1±0.5	5.9±0.3	4.5±0.6	4.2±0.2	3.4±0.1	23.5±2.9

注：2021年11月、2022年1月由安徽农业大学在广德市三溪生态农业有限公司测定公、母猪各10头（圈养）。

（五）繁殖性能

皖南黑猪性成熟较早。公猪6～7月龄、体重60kg以上，母猪5～6月龄、体重50kg以上即可配种。发情周期19d左右，发情持续期3～4d，妊娠期114d左右。种公猪利用年限5年左右，母猪利用年限5～7年。经产母猪（85窝）平均窝产仔数10.5头，窝产活仔数10.2头，初生窝重8.10kg；29日龄平均断奶仔猪数10.0头，断奶窝重55.90kg。

五、保护与利用

（一）保护情况

2011年皖南黑猪被收录于《中国畜禽遗传资源志·猪志》，2014年被列入《国家级畜禽遗传资源保护名录》；2020年、2021年被列入《国家畜禽遗传资源品种名录》。2009年、2016年、2023年被列入《安徽省省级畜禽遗传资源保护名录》。

1.活体保护　2006年宁国市、绩溪县畜牧主管部门分别与宁国市凤形农林开发公司、安徽丰润生态农业开发有限公司签订了"皖南黑猪保种公猪协议书""皖南黑猪保种母猪协议书"。

2021 年广德市三溪生态农业有限公司确定为国家皖南黑猪保种场。2017 年安徽省宁国市吴家大院牧业有限公司确定为省级皖南黑猪保种场；2021 年，广德市三溪生态农业有限公司、安徽丰润生态农业开发有限公司确定为省级皖南黑猪保种场，并与省农业农村厅、资源所在地县级政府签订了三方保种协议。

2021 年，广德市三溪生态农业有限公司存栏种公猪 16 头，能繁母猪 320 头，8 个家系，后备母猪 96 头，后备公猪 16 头；安徽丰润生态农业开发有限公司存栏种公猪 19 头，能繁母猪 125 头，6 个家系，后备母猪 34 头；安徽省宁国市吴家大院牧业有限公司存栏种公猪 12 头，能繁母猪 39 头，6 个家系，后备母猪 67 头。

2. 遗传材料保存　2023 年，国家家畜基因库保存皖南黑猪细管冻精 11 525 剂、体细胞 221 份、组织样 135 份、粪便 120 份；安徽省家畜基因库保存皖南黑猪细管冻精 3 475 剂、体细胞 114 份、组织样 105 份。

（二）开发利用

20 世纪 60 年代开始，宁国牧场先后引进荣昌猪、上海白猪、巴克夏猪、杜洛克猪等品种进行杂交生产，杂交优势明显，产仔数、产活仔数、断奶窝重等均有不同程度的提高。

2019 年，以皖南黑猪为原料的绩溪火腿荣获农产品地理标志产品和地理标志证明商标。2020 年，安徽丰润生态农业开发有限公司、广德市三溪生态农业有限公司开展皖南黑猪肉深加工，开发皖南黑猪肉香肠、肉松、鲜肉包等产品，注册了"沣乡农业""七头猪""皖南黑""乌豚邦"等商标。

2009 年，安徽省发布了地方标准《皖南黑猪》（DB34/T 1065—2009）。

皖南黑猪群体

六、评价与展望

皖南黑猪是安徽省优良地方猪种，经过劳动人民不断选育形成。在品种形成过程中，逐步适应皖南山区炎热潮湿的环境，耐粗饲，抗逆性强，肉质优良。但生长速度较慢，饲料利用率低。今后应加强品种保护和选育，改善生长性能；持续开展配合力测定，筛选最优杂交组合。

安庆六白猪

安庆六白猪〔Anqing six-end-white pig〕，俗称六花猪，属肉脂兼用型地方品种。

一、一般情况

（一）产区及分布

安庆六白猪原产地为安庆市，中心产区位于安庆市太湖县晋熙镇、望江县鸭滩镇和宿松县北浴乡，主要分布于安庆市太湖县、宿松县、望江县、怀宁县等地。

（二）产地自然生态条件

安庆六白猪原产地位于北纬 29°47′—31°16′、东经 115°45′—117°44′，地处安徽省西南部，西接湖北省，南邻江西省，西北靠大别山主峰，东南倚黄山余脉，自西北向东南，分别为山地、丘陵和沿江平原，海拔 300 ～ 500m。产区属北亚热带季风气候，季风明显，四季分明，气候温和，雨量充沛。年平均气温 13 ～ 16.6℃，年最高气温 39.7℃，年最低气温 −10℃；年平均日照时数 2 012.4h；无霜期 220 ～ 256d；年平均降水量 1 300 ～ 1 460mm；年平均相对湿度 77%。主要河流湖泊有长江、皖河、华阳河、武昌湖、泊湖等。土壤类型主要有红壤、黄棕壤和黄红壤。主要农作物有水稻、小麦、棉花、大豆、油菜、茶叶等。森林覆盖率达 38.5%。

（三）饲养管理

历史上，以农户散养为主，常年饲喂青粗饲料，母猪仅在产前产后各一个月每天补充 0.15 ～ 0.25kg 黄豆。育肥猪在 2 ～ 4 月龄和催肥期饲喂 120kg 左右的米糠，当地群众称"六白猪是草包猪，糠育肥"。

20 世纪 80 年代以来，安徽省推行规模化养猪，目前集中饲养已非常普遍。主要采用自然交配，辅以人工授精。猪舍以水泥地面大栏饲养为主。饲喂以配合饲料为主，搭配部分青绿饲料，公母猪不同生长阶段采取不同的饲料配方。

二、品种来源与变化

（一）品种形成

据对宿松、太湖县志及居民家谱等有关史料考证，西汉年间，江西鄱阳湖一带居民大量渡江迁居宿松、太湖一带，鄱阳花猪随移民带入境内。公元前 202 年至公元 8 年，因黄河、淮河泛滥，这些地方的黑猪（华北型猪种）也随居民南迁至此，两种类型猪种混杂饲养，经过长期选择，育成具有六白特征、耐青粗饲料的优良地方猪种，民间俗称"六花猪"。

1957 年，安徽省农业厅组织南京农学院、安徽农学院、安徽省农业试验总站、安庆专署农业局等单位，对六花猪进行了初次调查，正式命名为"六白猪"。1965 年、1973 年、1981 年有关单位又相继进行多次调查，1982 年根据六白猪的毛色特征和原产地，定名为"安庆六白猪"。

（二）群体数量及变化情况

1957 年之前，产区存栏安庆六白猪种公猪 400 多头，能繁母猪 1.7 万头。1981 年，太湖县存栏安庆六白猪种猪 2 000 余头。20 世纪 90 年代初，安庆六白猪群体数量达到最高峰，仅太湖县就存栏 3 万多头。2007 年，安庆市仅存栏安庆六白猪种公猪 20 头左右，母猪约 500 头。2021 年，安庆六白猪群体数量 4 617 头，其中种公猪 49 头，能繁母猪 1 356 头。

三、体型外貌特征

（一）外貌特征

安庆六白猪被毛黑色，额部、尾端和四肢均为白色，称谓"六白"；公猪有鬃。体型中等偏小，体质细致。皮薄，头轻，嘴筒宽、中等长，鼻面微凹，面部皱纹清晰，额部有明显的菱形花纹，民间谓之"福字头"，吻部为肉红色。腰背呈流线型，后躯较丰满，腹部微下垂，四肢结实。乳头数 7 ~ 9 对。

历史上，按"六白"范围的多少，安庆六白猪可分为长六白猪、短六白猪两种。长六白猪自额部至嘴筒有一条流星，尾端白色较长，前肢自腕关节、后肢自跗关节以下均为白色；短六白猪仅额部、尾端和四蹄上 10cm 以内为白色。

按头型，安庆六白猪可分为长嘴型和短嘴型两种类型。长嘴型猪头较窄，嘴筒长，耳较大、下垂至嘴叉；短嘴型猪额较宽，嘴筒短而宽平，耳中等大小、下垂略向前伸，背腰宽平，四肢短小。

安庆六白猪公猪　　　　　　　　　　安庆六白猪母猪

（二）体重和体尺

安庆六白猪成年体重和体尺见表1。

表1　安庆六白猪成年体重和体尺

性别	体重 (kg)	体长 (cm)	胸围 (cm)	体高 (cm)
公	130.5±11.6	135.1±6.7	126.2±9.3	72.2±3.0
母	126.4±5.9	125.1±7.4	128.4±6.3	64.8±4.5

注：2022年9月由安徽农业大学在安徽省花亭湖绿色食品开发有限公司测定成年公猪20头、母猪61头（圈养）。

四、生产性能

（一）生长发育

安庆六白猪生长发育测定结果见表2。

表2　安庆六白猪生长发育

性别	初生重 （kg）	断奶日龄	断奶重 (kg)	保育期末日龄	保育期末重 （kg）	120日龄体重 （kg）
公	0.6±0.1	30	6.1±0.3	75	20.4±1.4	32.0±1.3
母	0.7±0.1	30	6.3±0.3	75	20.3±1.5	31.2±1.6

注：2022年9月至2023年3月由安徽农业大学在安徽省花亭湖绿色食品开发有限公司测定公、母猪各15头（圈养）。

（二）育肥性能

安庆六白猪育肥性能见表3。

表3　安庆六白猪育肥性能

性别	育肥起测日龄	育肥起测体重 （kg）	育肥结测日龄	育肥结测体重 （kg）	育肥期日增重 （g）	育肥期料重比
公	117.5±4.6	32.3±1.5	300	101.3±1.6	403.9±27.9	3.6±0.2
母	114.3±1.7	31.1±0.8	300	101.7±2.9	344.9±39.4	4.5±0.1

注：2022年9月至2023年3月由安徽农业大学在安徽省花亭湖绿色食品开发有限公司测定公、母猪各15头（圈养）。

（三）屠宰性能

安庆六白猪屠宰性能见表4。

表 4　安庆六白猪屠宰性能

性别	屠宰日龄	宰前活重（kg）	平均背膘厚（mm）	6～7 肋处皮厚（mm）	眼肌面积（cm²）	皮率（%）	骨率（%）	肥肉率（%）	瘦肉率（%）	屠宰率（%）	肋骨对数
公	275.1±25	95.7±12	43.8±7.0	3.6±0.8	29.4±4.2	9.1±0.8	6.8±0.4	39.5±2.4	44.7±2.0	73±2.6	14
母	275.1±25	95.2±10.1	44.5±4.3	3.4±0.5	29.5±3.4	8.8±1.0	6.8±0.3	40.1±1.8	44.4±1.8	74±1.6	14

注：2022 年 7 月、11 月由安徽农业大学在安徽省花亭湖绿色食品开发有限公司测定公、母猪各 10 头（圈养）。

（四）胴体肌肉品质

安庆六白猪胴体肌肉品质见表 5。

表 5　安庆六白猪胴体肌肉品质

性别	肉色评分	pH₁ₕ	pH₂₄ₕ	滴水损失（%）	大理石纹评分	肌内脂肪含量（%）	剪切力（N）
公	3.6±0.3	6.2±0.3	5.8±0.1	4.5±0.4	4.5±0.4	3.6±0.5	29.4±4.9
母	3.6±0.4	6.2±0.2	5.8±0.1	4.4±0.5	4.7±0.4	3.8±0.4	25.4±4.9

注：2022 年 7 月、11 月由安徽农业大学在安徽省花亭湖绿色食品开发有限公司测定公、母猪各 10 头（圈养）。

（五）繁殖性能

安庆六白猪公猪 3 ～ 3.5 月龄、母猪 3 ～ 4 月龄性成熟；公猪 6 ～ 7 月龄、体重 55 ～ 60kg，母猪 5 ～ 6 月龄、体重 45 ～ 50kg 时开始配种。母猪发情周期 18 ～ 22d，发情持续期 3 ～ 4d。种公猪利用年限 5 ～ 6 年，母猪利用年限 4 ～ 5 年。经产母猪（60 窝）平均窝产仔数 12.5 头，窝产活仔数 12.2 头；30 日龄平均断奶仔猪数 11.5 头，断奶窝重 68.80kg。

五、保护与利用

（一）保护情况

2011 年安庆六白猪被收录于《中国畜禽遗传资源志·猪志》；2006 年、2014 年被列入《国家级畜禽遗传资源保护名录》；2020 年、2021 年被列入《国家畜禽遗传资源品种名录》。2009 年、2016 年、2023 年被列入《安徽省省级畜禽遗传资源保护名录》。

1.活体保护　2002 年，太湖县畜牧局建立安庆六白猪保种场（观音种猪场）；2005 年，安庆市畜牧水产局与太湖县畜牧局、望江县现代良种养殖有限公司等保种场和保护区的饲养户分别签订了"六白猪保种公猪协议书""六白猪保种母猪协议书"；2012 年，望江县现代良种养殖有限公司确定为国家安庆六白猪保种场；2015 年望江县现代良种养殖有限公司、2017 年安徽省花亭湖绿色食品开发有限公司确定为省级保种场；

2021 年，安徽省花亭湖绿色食品开发有限公司被确定为国家安庆六白猪保种场，并与省农业农村厅、资源所在地县级政府签订了三方保种协议。

2021 年，望江县现代良种养殖有限公司保种群存栏种公猪 18 头，能繁母猪 105 头，6 个家系；安徽省花亭湖绿色食品开发有限公司保种群存栏种公猪 16 头，能繁母猪 121 头，7 个家系。

2. 遗传材料保存 2023 年，国家家畜基因库保存安庆六白猪细管冻精 7 816 剂、体细胞 221 份、组织样 120 份、粪便 120 份；安徽省家畜基因库制作保存安庆六白猪细管冻精 1 029 剂、体细胞 43 份、组织样 120 份。

（二）开发利用

自从 20 世纪末以来，安徽省先后利用巴克夏猪、杜洛克猪等品种进行杂交改良，杂交优势明显，产仔数、产活仔数、断奶窝重等均有不同程度的提高，其中"巴克夏猪父本 + 安庆六白猪母本"的杂交后代肉质好，颇受市场欢迎。

2018 年，"太湖六白猪"获批国家地理标志证明商标（91340825MA2UGP337R）。安徽省花亭湖绿色食品开发有限公司注册了"程岭黑山猪""六白黑猪"等商标，相关加工产品进入长三角市场。2021 年被安徽省农业农村厅认定为长三角绿色农产品生产加工供应基地，太湖县政府将安庆六白猪列入"一县一业"特色发展产业。

安徽省陆续发布了地方标准《六白猪》（皖 D/XM09—87）、《安庆六白猪育肥猪饲养管理技术规范》（DB34/T 1567—2011）、《安庆六白猪仔猪饲养管理技术规范》（DB34/T 1568—2011）。农业农村部发布了农业行业标准《安庆六白猪》（NY/T 3794—2020）。

六、评价与展望

安庆六白猪耐青粗饲料，抗病力强，肉质优良、膘肥皮薄，但生长速度较慢，瘦肉率较低，饲料利用率低。今后应加强品种保护工作，扩大猪群数量。加强本品种选育，提高生产性能。利用其肉质好的优点作为生产优质肉的杂交亲本，同时加大新品系选育力度，在保持其优良肉品质的特性下，培育安庆六白猪新品种（配套系）。

淮猪

淮猪（Huai pig）分布于淮河流域，在安徽省主要包括皖北猪、定远猪、霍寿黑猪 3 个类群。

皖北猪

皖北猪（Wanbei pig），又称阜阳黑猪、阜阳虎头猪，属肉脂兼用型地方品种。

一、一般情况

（一）产区及分布

皖北猪原产地为阜阳市、亳州市、宿州市等地，中心产区为亳州市利辛县中疃镇、阜阳市颍上县六十铺镇和太和县税镇镇。主要分布于阜阳市颍州区、颍上县、太和县和亳州市利辛县。

（二）产区自然生态条件

皖北猪原产地位于北纬 32°25′—35°05′、东经 114°52′—116°49′，地处安徽省西北部，黄淮平原南端的淮北平原，海拔 18.5 ~ 29.5 m。产区属暖温带半温润气候区，季风明显，气候温和。年平均气温 15℃，年最高气温 39℃，年最低气温 −10℃；年平均日照时数 2 180.5h；无霜期 210 ~ 220d；年平均降水量 844.6mm；年平均相对湿度 77%。主要天然河流有淮河、颍河、涡河等，人工河有淮颍大沟、阜颍河、八里河等，湖泊有唐垛湖、焦岗湖等。土壤类型包括棕壤、砂姜黑土、潮土和石灰土等。主要农作物有小麦、水稻、大豆、玉米、棉花、甘薯等。

（三）饲养管理

历史上，皖北猪多为圈养，饲喂青绿饲料和农副产品，采用自然交配。随着规模化、标准化养猪技术的推广，皖北猪养殖方式已由规模化逐渐取代了农户散养，主要饲喂全价配合饲料，辅以少量青饲料，配种方式采用自然交配辅以人工授精。

二、品种来源与变化

（一）品种形成

3—6世纪和12世纪，淮北平原遭受了两次战争破坏，并时常遭受水灾，淮猪逐步南迁到安徽淮河两岸，当地优越的自然条件及皖北平原的生活习惯，促使了该品种的形成，经过长期培育，淮河以北形成皖北猪，至今已有2 000多年历史。20世纪90年代萧县城西一公里处的西虎山出土的汉墓文物中，陶器多数为陶猪圈，反映了养猪已成为当时日常生活重要组成部分。

（二）群体数量及变化情况

1953年皖北猪存栏约74.5万头，其中种公猪300多头，能繁母猪约9万头。2006年皖北猪存栏158头，其中种公猪8头，能繁母猪140头。2021年皖北猪群体数量480头，其中种公猪39头，能繁母猪270头。

三、体型外貌特征

（一）外貌特征

皖北猪全身被毛为黑色，体质结实。头中等大小，形状不一；嘴筒直而尖或宽而短；额部皱纹有双曲状、纵纹和横纹；耳大，耳根软；体躯较长，臀部斜尻，四肢粗壮有力。公猪背腰平直；母猪背腰微凹，腹部较大且下垂，乳头7～9对，粗细中等，排列整齐且对称。公猪有獠牙，颈背有鬃毛。阜阳地区民间广泛流传"阜阳虎头猪，头上三道箍，吃食啪啪响，睡倒就打呼"的俗语。

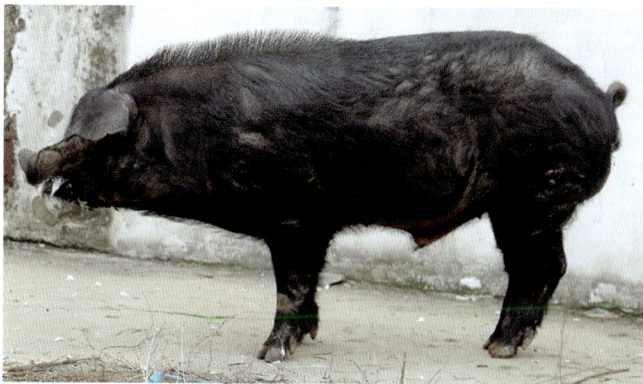

皖北猪公猪

皖北猪母猪

（二）体重和体尺

皖北猪成年体重和体尺见表1。

表 1　皖北猪成年体重和体尺

性别	体重（kg）	体长（cm）	胸围（cm）	体高（cm）
公	149.80±4.34	148.45±2.54	129.35±2.58	81.55±1.99
母	148.46±8.27	139.30±5.23	138.90±4.81	76.52±3.92

注：2022年8月由安徽省农业科学院畜牧兽医研究所在颍上庆丰农牧发展有限公司测定成年公猪20头、母猪50头（圈养）。

四、生产性能

（一）生长发育

皖北猪生长发育测定结果见表2。

表 2　皖北猪生长发育

性别	初生重（kg）	断奶日龄	断奶重（kg）	保育期末日龄	保育期末重（kg）	120日龄体重（kg）
公	0.91±0.07	25	4.27±0.09	70	17.96±0.94	34.19±0.90
母	0.90±0.06	25	4.19±0.12	70	17.52±1.43	31.81±0.62

注：2021年12月至2022年5月由安徽省农业科学院畜牧兽医研究所在颍上庆丰农牧发展有限公司测定公、母猪各15头（圈养）。

（二）育肥性能

皖北猪育肥性能见表3。

表 3　皖北猪育肥性能

性别	育肥起测日龄	育肥起测体重（kg）	育肥结测日龄	育肥结测体重（kg）	育肥期日增重（g）	育肥期料重比
公	70	17.96±0.94	300	103.07±2.33	370.1±11.7	4.17±0.07
母	70	17.52±1.43	300	97.75±1.26	348.8±8.1	4.74±0.19

注：2021年9月至2022年5月由安徽省农业科学院畜牧兽医研究所在颍上庆丰农牧发展有限公司测定公、母猪各15头（圈养）。

（三）屠宰性能

皖北猪屠宰性能见表4。

表4 皖北猪屠宰性能

性别	屠宰日龄	宰前活重（kg）	胴体重（kg）	平均背膘厚（mm）	眼肌面积（cm²）	骨率（%）	瘦肉率（%）	屠宰率（%）	肋骨对数
公	301.2±8.3	104.27±8.53	76.40±5.63	33.72±3.71	34.86±2.47	8.76±1.79	48.23±2.68	73.32±2.11	14.40±0.52
母	299.8±9.6	101.76±8.79	75.72±6.82	29.62±3.17	34.22±1.54	9.13±1.92	48.09±2.26	74.41±1.02	14.30±0.48

注：2022年5月由安徽省农业科学院畜牧兽医研究所在颍上庆丰农牧发展有限公司测定公、母猪各15头（圈养）。

（四）胴体肌肉品质

皖北猪胴体肌肉品质见表5。

表5 皖北猪胴体肌肉品质

性别	肉色评分	pH$_{1h}$	pH$_{24h}$	滴水损失（%）	大理石纹评分	肌内脂肪含量（%）	剪切力（N）
公	3.15±0.24	6.20±0.18	5.75±0.16	2.64±0.30	3.60±0.52	3.99±0.52	34.89±2.50
母	3.10±0.21	6.37±0.15	5.81±0.12	2.42±0.30	3.70±0.48	4.18±0.65	36.46±3.43

注：2022年5月由安徽省农业科学院畜牧兽医研究所在颍上庆丰农牧发展有限公司测定公、母猪各15头（圈养）。

（五）繁殖性能

皖北猪公猪初配日龄为180～210日龄，初配体重65～75kg；母猪初配日龄为150～180日龄，初配体重55～65kg。母猪发情周期为18～22d，发情持续期3～4d，妊娠期114d左右。种公猪利用年限为5～7年，母猪利用年限为4～5年。经产母猪（50窝）平均窝产仔数12.8头，窝产活仔数12.5头，初生窝重11.59kg；25日龄平均断奶仔猪数11.3头，断奶窝重48.39kg。

五、保护与利用

（一）保护情况

1986年皖北猪作为黄淮海黑猪的类群被收录于《中国猪品种志》；2011年皖北猪作为淮猪的类群被收录于《中国畜禽遗传资源志•猪志》；2006年、2014年作为淮猪的类群被列入《国家级畜禽遗传资源保护名录》；2020年、2021年作为淮猪的类群被列入《国家畜禽遗传资源品种名录》；2009年、2016年和2023年被列入《安徽省省级畜禽遗传资源保护名录》。

1. 活体保护 2021年，颍上庆丰农牧发展有限公司被确定为省级皖北猪保种场，并与安徽省农业农村厅、资源所在地县级政府签订了三方保种协议。

2021年存栏保种群136头，其中种公猪11头，能繁母猪125头，6个家系。安徽省农业农村厅制订了《皖北猪抢救性保护工作方案》，开展抢救性保护工作。

2.遗传材料保存 2023年，安徽省家畜基因库制作保存皖北猪细管冻精7 589剂、体细胞135份、组织样40份。

（二）开发利用

2008年，涡阳县在国家商标总局注册了"皖北黑猪"品牌原产地保护；2020年，太和县邹桥养殖有限公司产品"太和黑猪（皖北猪）"获全国名特优新农产品称号，并在2021年注册了"税子铺"商标。2022年，颍上庆丰农牧发展有限公司省级皖北猪保种场开展皖北猪市场开发，并注册了"颍淮人家"商标。

安徽省发布了地方标准《皖北猪》（皖D/XM11—87）、《皖北猪种猪饲养管理技术规程》（DB34/T 3867—2021）。

皖北猪群体

六、评价与展望

皖北猪体型较大，生长发育和育肥性能较好，耐粗饲，适应性和抗病力强；但有效群体含量和公猪数较少，今后应加快皖北猪提纯复壮，增加纯种繁育和公猪血统，扩大有效群体含量；加大本品种选育，利用皖北猪体型较大、肉质好、产仔数多等优点，开展皖北猪杂交利用和新品种（配套系）培育。

定远猪

定远猪〔Dingyuan pig〕，又称定远黑猪，属肉脂兼用型地方品种。

一、一般情况

（一）产区及分布

定远猪原产地为滁州市定远县，中心产区为滁州市定远县、合肥市肥东县，主要分布于滁州市南谯区、明光市和马鞍山市和县等地。

（二）产区自然生态条件

定远猪原产地地处安徽省东部丘陵地区，位于北纬 32°13′—32°42′、东经 117°13′—118°15′；地势呈北高南低，海拔 100 ~ 350m。产区属北温带向北亚热带过渡的气候类型，年平均气温 14.8℃，年最高气温 40.3℃，年最低气温 −18.6℃；年平均日照时数 2 266.5h；无霜期 212d；年平均降水量 924.7mm；年平均相对湿度 75%。境内有池河、窑河两大河流，湖泊为高塘湖。土壤类型有水稻土、砂姜黑土、潮土、黄棕壤等。农作物主要有水稻、小麦、油菜、玉米、甘薯、豆类、棉花、花生等。

（三）饲养管理

历史上，定远猪以放牧为主，放牧距离可达 10km 以上，主要饲喂青饲料和米糠、麸皮等农副产品。当地群众中流传"白天放山岗，回来抓把糠""夏放山岗秋放茬"的说法。

当前主要为规模化养殖，主要饲喂全价配合饲料。配种方式主要为自然交配，辅以人工授精。

二、品种来源与变化

（一）品种形成

3—6 世纪和 12 世纪，淮北平原遭受两次战争破坏，并时常遭受水灾，淮猪逐步南迁到安徽淮河两岸，经过长期培育，淮河以南形成定远猪，至今已有近 2 000 年历史。1973 年合肥西郊隋开皇六年（586 年）伏波将军汉墓出土的陶猪中，一头处于哺乳后期的母猪，体躯瘦削，而其乳房一侧伏卧的乳猪个个肥硕健壮。1993 年全椒县卜集乡东吴砖室墓出土的文物中有猪青瓷器。

（二）群体数量及变化情况

20世纪50年代，定远猪存栏达到30万头以上，其中种公猪100头以上，能繁母猪近2万头。2007年定远猪存栏约2 000头，其中公猪30余头，母猪约800头。2021年定远猪群体数量2 021头，其中种公猪117头，能繁母猪845头。

三、体型外貌特征

（一）外貌特征

定远猪全身被毛黑色，较稀而硬；体型中等，体质细致；头部较小，面纹较浅细，多为纵向走向，基本不形成沟回；额与头呈流线型，较紧凑，上方三道横纹；耳中等大，耳根软、下垂；颈细长；嘴筒长直，鼻吻发达；背腰微凹，臀部倾斜，胸腹部较深，尾根稍高；四肢坚实有力，卧姿时四肢稍有内收。母猪腹部微有下垂，乳头7对以上，排列整齐且对称；公猪有獠牙，颈背有鬃毛。

定远猪公猪

定远猪母猪

（二）体重和体尺

定远猪成年体重和体尺见表1。

表1　定远猪成年体重和体尺

性别	体重（kg）	体高（cm）	体长（cm）	胸围（cm）	管围（cm）
公	146.29±6.06	80.87±1.29	144.82±2.60	134.70±3.14	22.31±0.88
母	135.57±4.80	76.66±2.62	139.71±4.45	127.62±5.12	21.40±1.64

注：2021年12月至2022年1月由安徽科技学院在安徽牧林森生态养殖有限公司测定成年公猪20头、母猪49头（圈养）。

四、生产性能

（一）生长发育

定远猪生长发育测定结果见表 2。

表 2　定远猪生长发育

性别	初生重（kg）	30 日龄体重（kg）	78 日龄体重（kg）	120 日龄体重（kg）
公	0.88±0.04	5.67±0.28	16.89±0.89	35.77±0.66
母	0.85±0.06	5.63±0.17	16.77±0.83	35.54±0.54

注：2022 年 5 月至 2023 年 9 月由安徽科技学院在安徽牧林森生态养殖有限公司测定公、母猪各 15 头（圈养）。

（二）育肥性能

定远猪育肥性能见表 3。

表 3　定远猪育肥性能

性别	育肥起测日龄	育肥起测体重（kg）	育肥结测日龄	育肥结测体重（kg）	育肥期日增重（g）	育肥期料重比
公	120	35.75±0.65	310	114.47±7.52	414.3±39.7	4.45±0.18
母	120	35.57±0.55	310	112.71±9.99	406.0±53.5	4.50±0.13

注：2022 年 9 月至 2023 年 3 月由安徽科技学院在安徽牧林森生态养殖有限公司测定公、母猪各 15 头（圈养）。

（三）屠宰性能

定远猪屠宰性能见表 4。

表 4　定远猪屠宰性能

性别	屠宰日龄	宰前活重（kg）	胴体重（kg）	平均背膘厚（mm）	眼肌面积（cm²）	骨率（%）	瘦肉率（%）	屠宰率（%）	肋骨对数
公	310.0±0.7	113.41±7.95	84.05±5.67	34.83±4.51	30.87±4.47	9.46±0.60	46.22±0.30	74.13±0.77	14.55±0.50
母	310.0±1.0	109.70±10.87	81.07±7.62	33.85±6.13	32.15±7.09	9.30±0.55	46.38±0.92	73.94±1.46	14.70±0.46

注：2022 年 11 月至 2023 年 3 月由安徽科技学院在安徽牧林森生态养殖有限公司测定公猪 11 头、母猪 10 头（圈养）。

（四）胴体肌肉品质

定远猪胴体肌肉品质见表 5。

表 5 定远猪胴体肌肉品质

性别	肉色评分	pH_{1h}	pH_{24h}	滴水损失（%）	大理石纹评分	肌内脂肪含量（%）	剪切力（N）
公	3.55±0.14	6.15±0.09	5.78±0.08	4.01±0.41	3.77±0.25	3.65±0.21	36.75±3.23
母	3.65±0.32	6.26±0.17	5.74±0.12	4.00±0.51	3.50±0.32	3.56±0.37	34.30±4.02

注：2022 年 11 月至 2023 年 3 月由安徽科技学院在安徽牧林森生态养殖有限公司测定公猪 11 头、母猪 10 头（圈养）。

（五）繁殖性能

定远猪公猪初配日龄为 180 ～ 210 日龄，初配体重为 65 ～ 70kg；母猪初配日龄为 150 ～ 180 日龄，初配体重 55 ～ 60kg。母猪发情周期为 18 ～ 22d，发情持续期 3 ～ 4d，妊娠期 114d 左右。种公猪利用年限为 5 ～ 7 年，母猪利用年限为 5 ～ 6 年。经产母猪（50 窝）平均窝产仔数 12.8 头，窝产活仔数 12.2 头，初生窝重 10.74kg；30 日龄平均断奶仔猪数 11.8 头，断奶窝重 66.67kg。

五、保护与利用

（一）保护情况

1986 年定远猪作为黄淮海黑猪的类群被收录于《中国猪品种志》；2011 年作为淮猪的类群被收录于《中国畜禽遗传资源志·猪志》；2006 年、2014 年作为淮猪的类群被列入《国家级畜禽遗传资源保护名录》；2020 年、2021 年作为淮猪的类群被列入《国家畜禽遗传资源品种名录》；2009 年、2016 年和 2023 年被列入《安徽省省级畜禽遗传资源保护名录》。

1. 活体保护 2021 年，安徽牧林森生态养殖有限公司确定为省级定远猪保种场，并与安徽省农业农村厅、资源所在地县级政府签订了三方保种协议。

2021 年该保种场存栏定远猪种公猪 12 头，能繁母猪 120 头，6 个家系。

2. 遗传材料保存 2023 年，安徽省家畜基因库保存定远猪体细胞 149 份。

（二）开发利用

2006 年，安徽省农业科学院以定远猪为母本育成的"淮猪 02 号"配套系通过了安徽省家畜禽遗传资源管理委员会审定；2000—2009 年，安徽农业大学和安徽省农业科学院联合培育的杜洛克猪 × 定远猪二元杂交猪、杜洛克猪 × 长白猪 × 定远猪三元杂交猪，保持了定远猪的肉质风味特点，提高了生长速度、胴体屠宰率和瘦肉率。

2021 年，"定远猪"获国家农产品地理标志认证（AGI03340）。从事定远猪保护和市场开发的企业积极开展定远猪优质肉市场开发，注册了"牧林森""榭根香""定有良材"等商标；定远县建有定远猪文化馆，陈列定远猪的起源、保护、发展现状等珍贵资料，馆内设立了定远猪民俗文化专区；以定远猪为素材制作的"桥尾"是腊肉中的佼佼者，据考证，"桥尾"制作已有 200 多年的历史。

安徽省陆续发布了地方标准《定远猪种猪饲养技术规程》（DB34/ T 1128—2010）、《定远猪生长育肥期饲养管理技术规程》（DB34/ T 3744—2020）、《定远猪》（DB34/ T 1393—2011）。

定远猪群体

六、评价与展望

定远猪体质健壮，结构匀称。适应性、抗病力强，耐寒、耐粗饲，繁殖率高，肉品质好，育肥性能略显不足。今后应在增加定远猪纯种数量、公猪血统数和有效群体含量的基础上，不断提升定远猪本品种选育，改善育肥性能，提高饲料报酬；利用定远猪肉品质好、抗病力强的优势特性，开展杂交利用和新品种（配套系）培育。

霍寿黑猪

霍寿黑猪（Huoshou black pig），属肉脂兼用型地方品种。

一、一般情况

（一）产区及分布

霍寿黑猪原产地为六安市，中心产区为六安市霍邱县，主要分布于六安市裕安区、金安区、叶集区、金寨县、霍山县、舒城县和淮南市寿县。

（二）产区自然生态条件

霍寿黑猪原产地位于北纬 31°01′—32°40′、东经 115°20′—117°14′，地势西南高峻，东北低平，呈梯形分布，海拔 50 ~ 1 774m。产区属北亚热带向暖温带转换的过渡带，年平均气温 15.1℃，年最高气温 40℃，年最低气温 −10℃；年平均日照时数 2 153h；无霜期 211 ~ 228d；年平均降水量 1 243mm；年平均相对湿度 79%。境内河流主要有淮河、淠河、史河、杭埠河、丰乐河等，主要湖泊有城西湖、城东湖等。土壤类型有黄棕壤、水稻土、潮土、砂姜黑土和土地草甸土等。主要农作物有水稻、小麦、油料、棉花、玉米、马铃薯、豆类、茶叶等。

（三）饲养管理

历史上，主要采用农户散养模式，饲喂青饲料和农副产品。20 世纪 90 年代后，逐渐采用规模化养殖和"公司 + 农户"的养殖模式，饲喂全价配合饲料，辅以少量青饲料和农副产品。配种方式以自然交配为主，辅以人工授精。

二、品种来源与变化

（一）品种形成

3—6 世纪和 12 世纪，淮北平原遭受两次战争破坏，并时常遭受水灾，淮猪逐步南迁到安徽淮河南岸的大别山区和丘陵地区。大别山区劳动人民利用当地自然生态环境、丰富的农副产品，经过长期的选育，逐渐形成特点鲜明、遗传稳定的地方猪种。2011 年版《中国畜禽遗传资源志·猪志》中，将霍寿黑猪列为定远猪的一个类群。

安徽畜禽遗传资源志　Livestock and Poultry Genetic Resources In Anhui

（二）群体数量及变化情况

1956 年，霍寿黑猪能繁母猪存栏 33 400 头。1985 年，霍寿黑猪能繁母猪存栏 20 000 余头。2007 年，霍寿黑猪存栏公猪 52 头，母猪 3 100 头。2021 年，霍寿黑猪群体数量 10 537 头，其中种公猪 247 头，能繁母猪 4 520 头。

三、体型外貌特征

（一）外貌特征

霍寿黑猪全身被毛黑色，公猪有獠牙，颈背长有鬃毛。

体貌特征可分为三种类型。

虎头型：体型偏大；头较大，嘴筒短；面纹较深、较多，呈"介"字形；耳大、下垂至嘴部以下；四肢高而坚实；母猪腹大下垂，不拖地，乳头粗、对称排列；肘和后膝附近有明显的褶皱，俗称"大折皮"。

黄瓜条型：体型中等、体躯较长；头中等，嘴筒长，面部有较浅的零星花纹，不形成沟回；耳中等，耳根较硬、下垂；母猪背较宽、稍凹，腹部下垂，乳头细、对称排列。

油葫芦型：体型较小；头小，嘴筒短，面部有较浅的零星花纹，耳中等下垂；躯干短而紧凑，背腰宽、微凹；母猪腹部下垂，乳头细、对称排列。

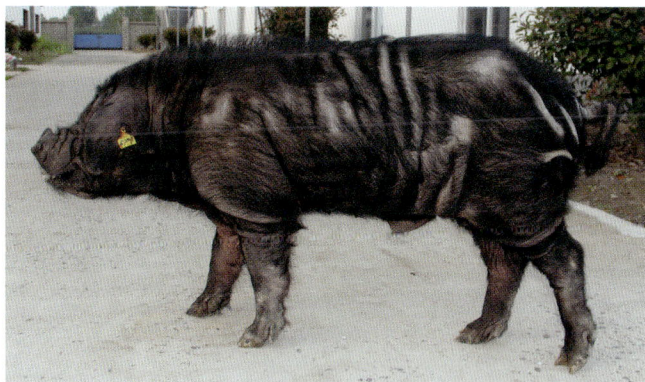

霍寿黑猪虎头型公猪

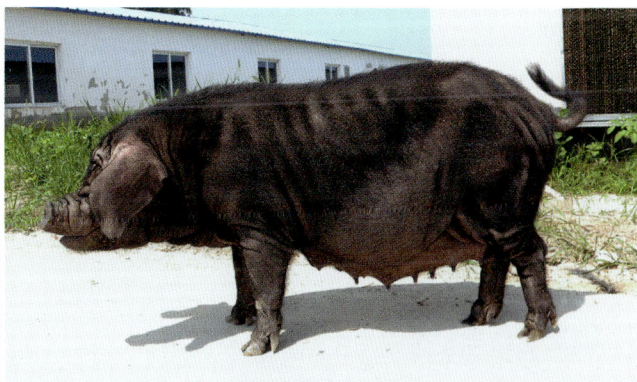

霍寿黑猪虎头型母猪

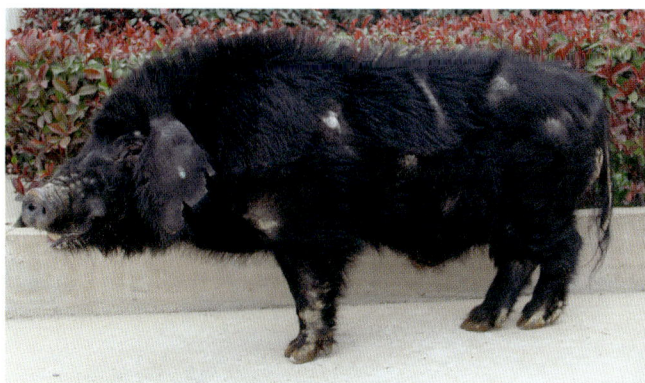

霍寿黑猪黄瓜条型公猪

霍寿黑猪黄瓜条型母猪

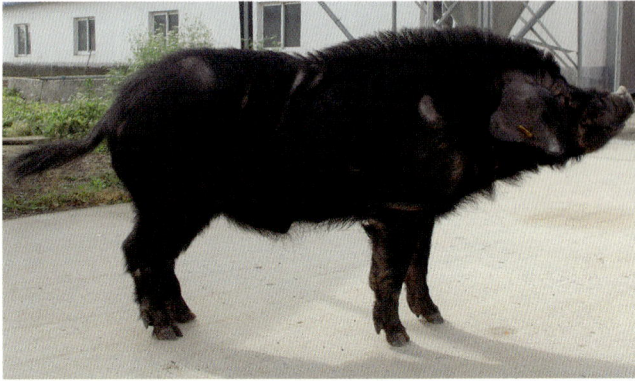

霍寿黑猪油葫芦型公猪　　　　　　　　　　　霍寿黑猪油葫芦型母猪

（二）体重和体尺

霍寿黑猪成年体重和体尺见表1。

表1　霍寿黑猪成年体重和体尺

性别	体重（kg）	体高（cm）	体长（cm）	胸围（cm）
公	138.67±19.60	81.57±5.83	151.21±11.71	127.87±10.48
母	145.95±11.76	77.26±4.75	147.15±6.89	140.79±10.18

注：2021年11月由安徽农业大学在安徽省浩宇牧业有限公司测定成年公猪20头、母猪50头（圈养）。

四、生产性能

（一）生长发育

霍寿黑猪生长发育测定结果见表2。

表2　霍寿黑猪生长发育

性别	初生重（kg）	断奶日龄	断奶重（kg）	保育期末日龄	保育期末重（kg）	120日龄体重（kg）
公	0.92±0.14	30	5.71±0.19	90	23.05±1.91	34.65±2.24
母	0.94±0.14	30	5.75±0.15	90	24.94±0.96	36.27±1.44

注：2022年1—5月由安徽农业大学在安徽省浩宇牧业有限公司测定公、母猪各15头（圈养）。

（二）育肥性能

霍寿黑猪育肥性能见表3。

表 3　霍寿黑猪育肥性能

性别	育肥起测日龄	育肥起测体重（kg）	育肥结测日龄	育肥结测体重（kg）	育肥期日增重（g）	育肥期料重比
公	90	23.05±1.91	310	113.74±4.82	412.2±21.9	4.40±0.08
母	90	24.94±0.96	310	115.03±6.00	409.5±28.8	4.39±0.09

注：2022 年 3 月至 2023 年 11 月由安徽农业大学在安徽省浩宇牧业有限公司测定公、母猪各 15 头（圈养）。

（三）屠宰性能

霍寿黑猪屠宰性能见表 4。

表 4　霍寿黑猪屠宰性能

性别	屠宰日龄	宰前活重（kg）	胴体重（kg）	平均背膘厚（mm）	眼肌面积（cm²）	瘦肉率（%）	屠宰率（%）	肋骨对数
公	305.0±8.7	106.00±7.00	76.83±2.75	33.29±2.08	34.3±3.63	44.47±0.9	72.6±2.31	14
母	310.0±8.7	108.67±10.06	81.17±9.46	33.55±3.16	33.09±2.97	44.97±1.46	74.67±2.41	14

注：2022 年 3 月由安徽农业大学在安徽省浩宇牧业有限公司测定公、母猪各 10 头（圈养）。

（四）胴体肌肉品质

霍寿黑猪胴体肌肉品质见表 5。

表 5　霍寿黑猪胴体肌肉品质

性别	肉色评分	pH_{1h}	pH_{24h}	滴水损失（%）	大理石纹评分	肌内脂肪含量（%）	剪切力（N）
公	4.00±0.00	6.47±0.47	5.71±0.12	2.64±0.56	4.17±0.58	4.77±0.15	27.64±4.31
母	4.33±0.29	6.70±0.12	5.52±0.08	3.41±1.13	4.00±0.86	4.90±0.17	28.22±3.43

注：2022 年 3 月由安徽农业大学在安徽省浩宇牧业有限公司测定公、母猪各 10 头（圈养）。

（五）繁殖性能

霍寿黑猪公猪初配日龄为 180～210 日龄，初配体重 65～70kg；母猪初配日龄 150～180 日龄，初配体重 55～60kg。母猪发情周期为 18～22d，发情持续期 3～4d，妊娠期 114d 左右。种公猪利用年限为 5～7 年，母猪利用年限为 5～6 年。初产母猪（50 窝）平均窝产仔数 10 头，窝产活仔数 9 头。经产母猪（50 窝）平均窝产仔数 13.7 头，窝产活仔数 13 头；30 日龄平均断奶仔猪数 12.1 头，断奶窝重 71.50kg。

五、保护利用

（一）保护情况

2006 年、2014 年霍寿黑猪作为淮猪的类群被列入《国家级畜禽遗传资源保护名录》；2020 年、2021 年作为淮猪的类群被列入《国家畜禽遗传资源品种名录》；2009 年、2016 年和 2023 年被列入《安徽省省级畜禽遗传资源保护名录》。

1. 活体保护　2021 年，霍山县畜禽产业协会被确定为省级霍寿黑猪保护区建设单位，安徽省浩宇牧业有限公司、安徽淮之源现代农业有限公司、霍山毅康农牧有限公司、舒城县天河养殖有限公司等 4 家企业被确定为省级霍寿黑猪保种场，其中安徽省浩宇牧业有限公司被确定为国家淮猪保种场，并与省农业农村厅、资源所在地县（区）级政府签订了三方保种协议。2021 年，安徽省浩宇牧业有限公司存栏种公猪 20 头，能繁母猪 315 头，8 个家系；安徽淮之源现代农业有限公司存栏种公猪 24 头，能繁母猪 125 头，8 个家系；霍山毅康农牧有限公司存栏种公猪 14 头，能繁母猪 160 头，6 个家系；舒城县天河养殖有限公司保种场存栏种公猪 12 头，能繁母猪 117 头，6 个家系；霍山县霍寿黑猪保护区存栏种公猪 20 头，能繁母猪 520 头，6 个家系。

2. 遗传材料保存　2023 年，国家家畜基因库保存霍寿黑猪细管冻精 7 895 剂、体细胞 222 份、组织样 120 份、粪便样本 120 份；安徽省家畜基因库制作保存霍寿黑猪细管冻精 5 875 剂、体细胞 101 份、组织样 120 份。

（二）开发利用

20 世纪 60 年代，产区曾引入巴克夏猪，与霍寿黑猪进行杂交生产商品猪；20 世纪 80 年代霍邱县俞林保种场曾利用长白猪公猪与霍寿黑猪杂交，优势明显，经济效益显著。近几年当地群众多以杜洛克猪公猪与霍寿黑猪母猪杂交生产商品猪。

六安市政府部门高度重视霍寿黑猪保护利用工作，积极推动相关企业和保种单位开展霍寿黑猪市场开发，注册了"皖玉香""皖豫香""慢慢长"等商标；2016 年，"皖玉香"获得安徽省商标品牌示范企业荣誉证书；2019 年，金寨县公共品牌"金寨黑毛猪"地理标志农产品入选全国名特优新农产品名录；2022 年，霍邱县"霍邱黑猪"获批全国名特优新农产品。

安徽省陆续发布了地方标准《霍寿黑猪》（DB34/T 2650—2016）《霍寿黑猪种猪饲养技术规程》（DB34/T 2651—2016）、《霍寿黑猪育肥期饲养技术规程》（DB34/T 4398—2023）。

霍寿黑猪群体

六、评价与展望

霍寿黑猪体质健壮、耐粗饲、屠宰率高、肉质香、花板油多，生长速度较慢，育肥性能较差，饲料转化效率较低。今后应加强本品种选育，提高饲料转化效率；利用霍寿黑猪肉品质好、抗病力强的优势特性，开展杂交利用和新品种（配套系）培育。

皖浙花猪

皖浙花猪（Wanzhe spotted pig），在安徽省又称皖南花猪，俗称黟县柯村花猪或兰田花猪，属肉脂兼用型地方品种。

一、一般情况

（一）产区及分布

皖浙花猪原产于黄山市黟县、休宁县、歙县和浙江省淳安县，安徽省中心产区位于黄山市黟县洪星乡、宏村镇和柯村镇，主要分布于黄山市黟县、休宁县、歙县、徽州区及浙江省等地。

（二）产地自然生态条件

皖浙花猪原产地位于北纬 29°24′—30°11′、东经 117°38′—118°53′，地处黄山以南，天目山以西，新安江上游的皖南山区，海拔 110 ~ 1 787 m。产区属亚热带湿润季风气候，年平均气温 15.5 ~ 18.5℃，年最高气温 40.8℃，年最低气温 −12.7℃；年平均日照时数 600 ~ 1 931h；无霜期 200 ~ 236d；年平均降水量 1 477 ~ 1 700mm；年平均相对湿度 76%。境内河流有新安江、漳水、漳溪、清溪等。土壤类型主要有黄壤、黄棕壤、红壤和砂壤土等。主要农作物有水稻、玉米、豆类、薯类、茶叶、油茶等。

（三）饲养管理

历史上，皖浙花猪采用圈养模式。饲喂以青饲料为主，辅以米糠、残羹剩饭。

目前主要采用规模化饲养，饲喂全价配合饲料，辅以青绿饲料。公猪和母猪不同生长阶段采取不同的饲料配方。配种方式为自然交配为主，辅以人工授精。

二、品种来源与变化

（一）品种形成

皖浙花猪饲养历史悠久，距今至少有 500 年历史。宋代罗愿《新安志》记载："中家以上岁别饲大猪至二三百斤，岁终以祭享，谓之年彘，而方兴记以火肉（即腊肉、火腿）石芥为农民之珍。"明弘治《徽州府志》（64 年印本）有载："于入腊前后宰，藏瓮中，硇潦糟沃近两旬，出而燎干略带濡，置于闲屋当风处，名曰火肉，亦曰腊肉"。据 1767 年清朝乾隆丁亥年《遂安县志》记载："豕有粗皮细皮两种，细皮肉美，小豕运售徽属，为乡间出产之一。"这里说的"粗皮"即皖南花猪的"狮头型"，"细皮"即皖南花猪的"马脸型（寿字型）"和"桩头型（鼠头型）"。"徽属"指皖南。

《徽州府志》（修于康熙已卯，道光七年本）和《淳安县志》（1989年）记载，歙县、休宁县等地与浙江省淳安县等同属新安江流域，彼此连接，两地猪种交流频繁。通过长期选育，逐渐形成了特征特性趋于一致的地方品种，在安徽和浙江分别命名为皖南花猪和淳安花猪。《中国猪品种志》（1986年版）中，将淳安花猪和皖南花猪归并，统称为"皖浙花猪"。

（二）群体数量及变化情况

1957年，徽州地区存栏皖南花猪能繁母猪3万余头；1981年，全省存栏能繁母猪1万余头；1990年，黟县存栏能繁母猪2 000余头，1998年减少到1 600余头；2007年，全省存栏种公猪7头、能繁母猪1 850头；2021年，全省皖浙花猪群体数量8 558头，其中，种公猪85头，能繁母猪2 311头。

三、体型外貌特征

（一）外貌特征

皖浙花猪被毛呈黑白花色，额部有形状和大小不同的"流星"，吻突、四肢下端为白色，头、臀两端为黑色，黑白两种毛色交界处有宽窄不等的"晕带"。腰背部毛色类型复杂多样，分为乌云盖雪、六白花、兜带两头乌、两头乌和马鞍花等花型。背部稍凹，臀部稍倾斜，部分卧系；成年猪尾长30～35cm；肋骨数14对左右，乳头7～8对。

按头型可分为三种类型。

狮头型：体型较大，体质疏松，偏脂用；毛粗稀；皮肤较厚、多皱褶；头大额宽，面微凹，嘴筒短、微翘，额部皱纹深，呈菱形，鼻梁上有横行皱纹；耳大，下垂至嘴筒以下；颈较短；四肢粗壮。

马脸型：体型中等，体质较细致，偏肉用；被毛较细密；皮肤皱褶少；额较窄，皱纹较浅，脸平直，嘴筒较长，面部下方有纵向皱纹；耳中等大，下垂不超过嘴筒；颈细长。

桩头型：体型矮小、紧凑，被毛短密；头小嘴尖，嘴筒平直似削尖的木桩，故称"桩头"；额部皱纹很少，体躯皮肤平展无皱；耳较小，呈"八"字形向前下方；四肢细短。

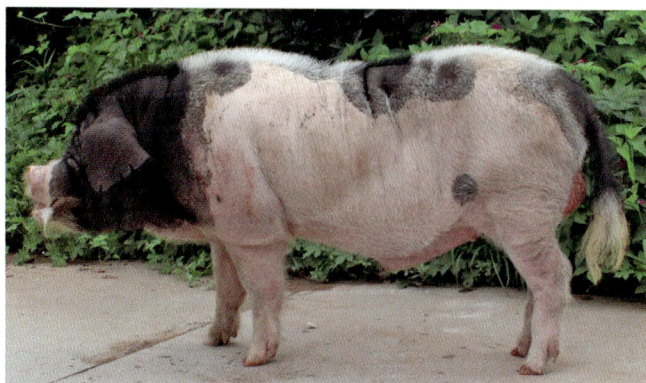

皖浙花猪公猪　　　　　　　　　　　　　皖浙花猪母猪

（二）体重和体尺

皖浙花猪成年体重和体尺见表1。

表1　皖浙花猪成年体重和体尺

性别	体重 (kg)	体高 (cm)	体长 (cm)	胸围 (cm)
公	133.04±4.88	72.30±2.68	121.75±3.86	126.50±5.91
母	138.36±5.59	69.03±3.81	122.54±6.03	127.85±5.79

注：2021年10—11月由安徽省农业科学院畜牧兽医研究所在黄山徽州悠悠猪发展有限公司测定成年公猪20头、母猪65头（圈养）。

四、生产性能

（一）生长发育

皖浙花猪生长发育测定结果见表2。

表2　皖浙花猪生长发育

性别	初生重（kg）	断奶日龄	断奶重（kg）	保育期末日龄	保育期末重（kg）	120日龄体重（kg）
公	0.82±0.07	35	6.15±0.5	60	14.66±1.74	31.09±2.0
母	0.71±0.08	35	5.67±0.79	60	13.29±0.93	29.05±1.63

注：2021年12月至2022年12月由安徽省农业科学院畜牧兽医研究所在黄山徽州悠悠猪发展有限公司测定公、母猪各15头（圈养）。

（二）育肥性能

皖浙花猪育肥性能见表3。

表3　皖浙花猪育肥性能

性别	育肥起测日龄	育肥起测体重（kg）	育肥结测日龄	育肥结测体重（kg）	育肥期日增重（g）	育肥期料重比
公	90	21.5±3.29	230	75.6±6.31	386.9±29.32	4.6±0.36
母	90	19.1±2.41	230	73.7±2.50	390.2±15.61	4.6±0.19

注：2022年6—10月由安徽省农业科学院畜牧兽医研究所在黄山徽州悠悠猪发展有限公司测定公、母猪各15头（圈养）。

（三）屠宰性能

皖浙花猪屠宰性能见表 4。

表 4　皖浙花猪屠宰性能

性别	屠宰日龄	宰前活重（kg）	胴体重（kg）	平均背膘厚（mm）	6～7 肋处皮厚（mm）	眼肌面积（cm²）	瘦肉率（%）	屠宰率（%）
公	332	96.28±12.08	67.00±7.66	37.11±5.28	7.25±1.67	28.37±0.99	45.57±2.05	69.69±2.18
母	330	88.29±10.34	59.68±7.50	34.13±4.57	6.09±0.96	27.05±1.21	46.13±2.11	67.65±3.90

注：2022 年 1—3 月由安徽省农业科学院畜牧兽医研究所在黄山徽州悠悠猪发展有限公司测定公、母猪各 10 头（圈养）。

（四）胴体肌肉品质

皖浙花猪胴体肌肉品质见表 5。

表 5　皖浙花猪胴体肌肉品质

性别	肉色评分	pH_{1h}	pH_{24h}	滴水损失（%）	大理石纹评分	肌内脂肪含量（%）	剪切力（N）
公	3.70±0.26	6.28±0.40	6.00±0.15	3.21±0.89	4.15±0.34	3.15±0.84	27.15±9.60
母	3.75±0.35	6.22±0.22	5.93±0.22	3.12±0.81	4.15±0.41	3.04±1.08	25.09±9.11

注：2022 年 1—3 月由安徽省农业科学院畜牧兽医研究所在黄山徽州悠悠猪发展有限公司测定公、母猪各 10 头（圈养）。

（五）繁殖性能

皖浙花猪性成熟较早。母猪初配日龄 150～180 日龄，初配体重 45～50kg；公猪初配日龄 180～210 日龄，初配体重 55～60kg。发情周期 20d 左右，妊娠期 112～116d。种公猪利用年限 5 年左右，母猪 5～6 年。初产母猪（64 窝）平均窝产仔数 9.3 头，窝产活仔数 9 头，初生窝重 6.67kg；35 日龄平均断奶仔猪数 8 头，断奶窝重 41.14kg，断奶成活率 99.54%。经产母猪（106 窝）平均窝产仔数 12.3 头，窝产活仔数 11.8 头；35 日龄平均断奶仔猪数 10.7 头，断奶窝重 65.15kg。

五、保护与利用

（一）保护情况

1986 年皖浙花猪被收录于《中国猪品种志》；2011 年被收录于《中国畜禽遗传资源志·猪志》；2020 年、2021 年被列入《国家畜禽遗传资源品种名录》；2009 年、2016 年、2023 年被列入《安徽省省级畜禽遗传资源保护名录》。

1. **活体保护** 2006 年，黟县建立 2 个皖浙花猪保种场，核心群存栏种公猪 3 头，能繁母猪 106 头。2021 年，黄山徽州悠悠猪发展有限公司和黄山踏竹湾生态农业有限公司被确定为省级保种场，并与省农业农村厅、资源所在地县（区）级政府签订了三方保种协议。2021 年，黄山徽州悠悠猪发展有限公司保种核心群存栏种公猪 16 头，能繁母猪 200 头，8 个家系；黄山踏竹湾生态农业有限公司保种核心群存栏种公猪 7 头，能繁母猪 62 头，4 个家系。

2. **遗传材料保存** 2023 年，安徽省家畜基因库制作保存了皖浙花猪细管冻精 6 552 剂。

（二）开发利用

产区利用皖浙花猪肉质好的特点，以皖浙花猪为母本，开展杂交组合筛选试验，大约克夏猪 × 皖浙花猪表现较好，获得安徽省科技成果四等奖。黄山徽州悠悠猪发展有限公司注册"悠悠猪"商标，并于 2020 年被安徽省农业农村厅认定为长三角绿色农产品生产加工供应示范基地。

安徽省发布了地方标准《皖南花猪种猪选育技术规范》（DB34/T 2277—2014）、《皖南花猪》（DB34/T 2855—2017）。

皖浙花猪群体

六、评价与展望

皖浙花猪肉质优、纤维细嫩，胶原蛋白高，后躯扁而薄，是腌制火腿和腊肉的上好原料。生长速度慢，饲料利用率低。今后应加强本品种选育，提高生产效率，并有计划地开展杂交利用和新品种（配套系）培育。

圩猪

圩猪（Wei pig），俗称油葫芦，属肉脂兼用型地方品种。

一、一般情况

（一）产区及分布

圩猪原产地为芜湖市、宣城市沿青弋江两岸的圩区。中心产区位于芜湖市湾沚区湾沚镇、宣城市广德市邱村镇，主要分布于芜湖市湾沚区、三山经开区、南陵县，宣城市广德市、郎溪县和泾县等地。

（二）产地自然生态条件

圩猪原产地位于北纬 30°38′—31°30′、东经 117°57′—118°44′，地处安徽东南部，长江下游地区，东部沿江洲圩，西北低山丘岗，海拔 7～563m。产区属亚热带季风性湿润气候，年平均气温 15.7℃，年最高气温 39.7℃，年最低温度 −10℃；年平均日照时数 1 676～2 068.3h；无霜期 230～260d；年平均降水量 1 305～1 362mm，年平均相对湿度 65%。境内河流主要有青弋江、水阳江等。土壤类型，圩区多为沙质土，丘陵区多为黄砂土和红砂土。主要农作物有水稻、油菜，兼种小麦、玉米、甘薯、大豆和紫云英等。

（三）饲养管理

历史上，群众以拴养、放养为主，充分利用河滩、草坡、丛林等地放牧，即使是妊娠母猪也能放牧于复杂地形的不同植被中，不仅运动和日照充足，而且可采食鲜草及水生动物性饲料，仅在分娩期和哺乳期补饲少量泥豆等精料。

随着城镇化进程加快，农户饲养减少，目前主要是规模化饲养。配种方式主要采用自然交配，辅以人工授精。猪舍以水泥地面大栏饲养为主。饲喂以配合饲料为主，搭配部分青绿饲料，公、母猪不同生长阶段采取不同的饲料配方。

二、品种来源与变化

（一）品种形成

圩猪原产地位于青弋江两岸，水系发达，丰茂的水草条件和大量的农副产品，为当地养猪提供了丰富的饲料资源。由于当地农业水平较高，肥料使用量多，除了靠冬闲地种植绿肥外，主要靠养猪积肥，故当地历来就有养猪习惯。自西汉以来，芜湖便是南北商务的枢纽，位于青弋江中段的青弋江镇，曾是苗猪的主要交易场所，农户以出售仔猪为重要收入来源，因而群众习惯多饲养母猪，选种时注意选留产仔多、泌乳性能好、母性好的母猪作种，久而久之培育了耐青饲、产仔多、哺育力强等特性的圩猪猪种。

（二）群体数量及变化情况

20 世纪 80 年代初，安徽省存栏圩猪约 1.5 万头。2007 年，芜湖、宣城等地存栏圩猪公猪 10 余头，母猪 2 000 余头。2021 年，全省圩猪群体数量为 1 939 头，其中种公猪 31 头，能繁母猪 383 头。

三、体型外貌特征

（一）外貌特征

圩猪全身被毛黑色、较密，冬季有少量绒毛，公猪有鬃；体型中等偏小，结构匀称，体质较细致。头中等大，额部皱纹纵横不一、深浅不等，大致呈菱形，额心常有菱形皱褶。其中额纹浅、趋于纵行，嘴筒稍长，称为"青鱼头"；额纹较深趋于横行，延伸至面颊及嘴筒，嘴筒较短称之为"狮子头"。目前以"青鱼头"居多。耳大下垂，稍向前伸，不过口角。背腰稍凹，胸较宽，臀微斜；四肢短而直；尾根粗，尾长达飞节，末端长毛丛生，俗称"扫帚尾"。母猪腹大下垂，乳头数多为 7 ~ 9 对。

圩猪公猪

圩猪母猪

（二）体重和体尺

圩猪成年体重和体尺见表 1。

表 1　圩猪成年体重和体尺

性别	体重 (kg)	体高 (cm)	体长 (cm)	胸围 (cm)
公	119.07±13.04	69.79±5.43	123.37±7.53	113.74±11.60
母	114.09±7.8	64.23±7.15	117.98±9.59	114.27±10.12

注：2022 年 6—12 月由安徽科技学院在芜湖县三利养殖场测定成年公猪 20 头、母猪 62 头（圈养）。

四、生产性能

（一）生长性能

圩猪生长发育测定结果见表 2。

表 2　圩猪生长发育

性别	初生重 (kg)	断奶日龄	断奶重 (kg)	保育期末日龄	保育期末重 (kg)	120 日龄体重 (kg)
公	0.73±0.04	35	6.31±0.22	84.87±6.99	25.65±5.51	32.54±5.35
母	0.72±0.04	35	6.37±0.25	83.73±5.48	26.27±3.97	33.09±4.35

注：2022 年 6—10 月由安徽科技学院在芜湖县三利养殖场测定公、母猪各 15 头（圈养）。

（二）育肥性能

圩猪育肥性能见表 3。

表 3　圩猪育肥性能

性别	起测日龄	起测体重 (kg)	育肥结测日龄	育肥结测体重 (kg)	育肥期日增重 (g)	育肥期料重比
公	84.87±6.99	25.65±5.51	266.93±7.05	92.87±5.62	366.0±8.6	4.72±0.13
母	83.73±5.5	26.27±3.97	265.80±5.56	93.35±4.58	367.5±7.8	4.68±0.15

注：2022 年 10 月至 2023 年 4 月由安徽科技学院在芜湖县三利养殖场测定公、母猪各 15 头（圈养）。

（三）屠宰性能

圩猪屠宰性能见表 4。

表 4 圩猪屠宰性能

性别	屠宰日龄	宰前活重（kg）	胴体重（kg）	平均背膘厚（mm）	6～7肋处皮厚（mm）	眼肌面积（cm²）	皮率（%）	骨率（%）	肥肉率（%）	瘦肉率（%）	屠宰率（%）	肋骨对数
公	257.90±11.42	84.60±6.14	60.13±4.60	38.29±3.79	3.72±0.46	22.77±3.88	9.30±0.41	9.69±0.63	39.02±1.13	42.01±0.98	71.07±1.26	14
母	328.29±29.28	113.10±12.79	85.37±12.05	51.02±7.80	4.29±0.51	29.88±4.01	8.67±0.52	8.79±0.65	41.93±1.12	40.57±0.44	75.30±2.28	14

注：2022 年 11 月至 2023 年 4 月由安徽科学院在芜湖县三利养殖场测定公、母猪各 10 头（圈养）。

（四）胴体肌肉品质

圩猪胴体肌肉品质见表 5。

表 5 圩猪胴体肌肉品质

性别	肉色评分	pH_{1h}	pH_{24h}	滴水损失（%）	大理石纹评分	肌内脂肪含量（%）	剪切力(N)
公	3.65±0.23	6.19±0.05	5.92±0.07	3.65±0.25	3.50±0.22	3.92±0.14	40.51±7.55
母	3.75±0.25	6.21±0.05	5.92±0.06	3.92±0.35	3.70±0.24	4.30±0.28	39.50±4.41

注：2022 年 11 月至 2023 年 4 月由安徽科学院在芜湖县三利养殖场测定公、母猪各 10 头（圈养）。

（五）繁殖性能

圩猪公猪 120 日龄达性成熟，初配日龄 180～210 日龄，初配体重 55～60kg，利用年限为 5～6 年；母猪 110～120 日龄达性成熟，初配日龄 150～180 日龄，初配体重 45～50kg，发情周期为 18～20d，发情持续期 3～4d，利用年限为 6～7 年。经产母猪（60 窝）平均窝产仔数 11.7 头，窝产活仔数 11.2 头；35 日龄平均断奶仔猪数 11 头，断奶窝重 66.70kg。

五、保护与利用

（一）保护情况

1982 年圩猪被收录于《中国猪种（二）》；1986 年被收录于《中国猪品种志》；2011 年被收录于《中国畜禽遗传资源志·猪志》。2020 年、2021 年圩猪被列入《国家畜禽遗传资源品种名录》；2009 年、2016 年、2023 年被列入《安徽省省级畜禽遗传资源保护名录》。

1. 活体保护 1998 年，芜湖县三利养殖场开始保种，到 2008 年共建立了 7 个家系，200 头种猪的保种群。2008 年，安徽安泰农业开发有限公司建立保种场，到 2010 年保种群存栏公猪 10 头，母猪 150 头，6 个家系。2015 年，芜湖县三利养殖场、安徽安泰农业开发有限公司被确定为省级圩猪保种场。2021 年，芜湖县三利养殖场保种群存栏种公猪 22 头，能繁母猪 200 头，8 个家系；安徽安泰农业开发有限公司保种群存栏种公猪 12 头，能繁母猪 110 头，6 个家系。2021 年，两个保护单位与安徽省农业农村厅、所在地县（区）级政府签订了三方保种协议。2021—2023 年，芜湖市农业农村主管部门邀请专家对圩猪省级保种场芜湖县三利养殖场连续三年开展圩猪基因测定，进一步确认保种群的纯种数量和家系数，完善保种方案，有效开展圩猪抢救性保护。2023 年，安徽省农业农村厅制订了《圩猪濒危资源抢救性保护方案》。

2. 遗传材料保存　2023 年，安徽省家畜基因库制作保存了圩猪细管冻精 11 040 剂。

（二）开发利用

圩猪与巴克夏猪、杜洛克猪等引进品种杂交，优势明显，仔猪既保留了巴克夏猪、杜洛克猪等背膘薄、板油少、瘦肉多的优点，又具有本地猪肉质细嫩、鲜红、脂肪洁白的特性，且生长速度明显快于圩猪。

2014 年，南陵县畜牧兽医局登记的"南陵圩猪"获国家农产品地理标志认证（AGI01465）。安徽安泰农业开发有限公司注册了"申泰缘"商标；芜湖县三利养殖场注册了"皖圩"商标，并于 2022 年被农业农村部确定为国家级生猪产能调控基地。

安徽省发布了地方标准《圩猪》（皖 D/XM08—87），农业农村部发布了农业行业标准《圩猪》（NY/T 3183—2018）。

圩猪群体

六、评价与展望

圩猪具有肉质好、耐粗饲和抗病力强的优点，但生长速度较慢，饲料报酬低。今后应加强本品种选育，提升圩猪生长性能和其他经济性状；有计划地开展杂种优势利用，加快圩猪新品种（配套系）选育和推广，提高饲养圩猪的综合效益。

枞阳黑猪

枞阳黑猪（Zongyang black pig），俗称"大耳朵猪"，属肉脂兼用型地方品种。

一、一般情况

（一）产区及分布

枞阳黑猪原产地为铜陵市枞阳县和安庆市桐城市，中心产区位于铜陵市枞阳县雨坛镇，主要分布于铜陵市枞阳县，安庆市桐城市有少量饲养。

（二）产地自然生态条件

枞阳黑猪原产地位于北纬 31°01′—31°38′、东经 117°05′—117°43′，地处铜陵市西南面的长江北岸，是著名的庐（江）枞（阳）火山岩盆地，境内地势北高南低，中部低平，低山丘陵岗冲相间，滨江环湖，海拔 10 ~ 674m。产区属北亚热带向中亚热带过渡的湿润季风气候，年平均气温 15.6 ~ 16.5℃，年最高气温 40.8℃，年最低气温 −8.5℃；年平均日照时数 2 065.9h；无霜期 251d；年平均降水量 1 362.5mm；年平均相对湿度 76%。境内主要河流湖泊有长江、横埠河、陈瑶湖、菜子湖等。土壤类型，圩区多属沙质土，丘陵区多为黄砂土及红砂土。农作物主要有水稻、棉花、茶叶、大豆、甘薯等，青饲料主要有青草、菜类、黑麦草、瓜类等。

（三）饲养管理

历史上，枞阳黑猪白天在滩涂、林地及丘陵地区散养，晚间圈舍补饲少量米糠、玉米。随着城镇化进程加快，农户饲养较少，目前主要是规模化饲养。配种方式主要采用自然交配，辅以人工授精。猪舍以水泥地面大栏饲养为主。饲喂以配合饲料为主，搭配部分青绿饲料，公、母猪不同生长阶段采取不同的饲料配方。

二、品种来源与变化

（一）品种形成

枞阳黑猪系江海型猪种，养殖历史悠久。据清朝道光六年（1826 年）《桐城续修县志》（卷二十二·物产篇）记载："豕，俗名猪，浑身黑色，耳大而垂如菜叶，额下多纵纹，鼻齐如截……下唇薄，其毛浅疏，项有硬鬃……本处所产者，皮薄味胜，自濠寿（猪）来者，皮厚不美，故有乡猪、淮猪之别。"1986 年，枞阳县农业局编写的《枞阳黑猪种源调查胴体品质测定的报告》中记载，道光五年间，大耳朵猪就在长江中下游，上至安庆，下至铜陵的长江两岸，特别是枞阳的汤沟区、横埠区横埠乡、破罡区和菜籽湖、白荡湖、陈瑶湖一带生活繁衍，另外，贵池县的乌沙区和城关区、桐城县的罗岭乡也有小量分布。据当地老人回忆，孩童时代听其祖辈言谈以及自己所养的"大耳黑猪"，以"马脸、狮脸、羊眼、大耳、背平、臀部大"为主要特点，即现在的枞阳黑猪。

2009年8月，经国家畜禽遗传资源委员会鉴定，认为新发现遗传资源枞阳黑猪在区域和特征特性上虽然和圩猪有一定的差别，但其生活的自然环境、特征特性等具有相似性，将其划分为圩猪的一个类群。

（二）群体数量及变化情况

1989年，枞阳县枞阳黑猪群体数量为3万多头。2007年，桐城、枞阳等地共存栏枞阳黑猪种公猪42头，能繁母猪4 000余头。2012年，枞阳县存栏种公猪34头，能繁母猪2 430头。2021年，安徽省枞阳黑猪群体数量1 401头，其中种公猪14头，能繁母猪106头。

三、体型外貌特征

（一）外貌特征

枞阳黑猪全身被毛黑色，浅而疏，公猪有鬃毛；体型中等，结构匀称，躯干部接近方形，身体呈流线型。头清秀，中等大小，有纵横交错面纹，多呈菱形；颈部细长，较清秀，与肩结合较好；耳下垂稍向前。四肢结实有弹性，蹄甲致密，能适应泥泞地面行走；尾粗壮，长过飞节。公猪背部平直，臀部较丰满。母猪背部稍凹，腹部稍下垂不拖地；乳头分布均匀，多成对排列，有效乳头数7～9对。

按头型，枞阳黑猪有"狮头""马脸""桩头"之分，目前"桩头"型已经消失。狮头型体质较疏松，皮肤较厚，脸部褶皱多，额部宽大，耳大超过嘴角。马脸型体质细致，较为清秀，头小较窄，脸部褶皱较少，耳大但不过嘴角。

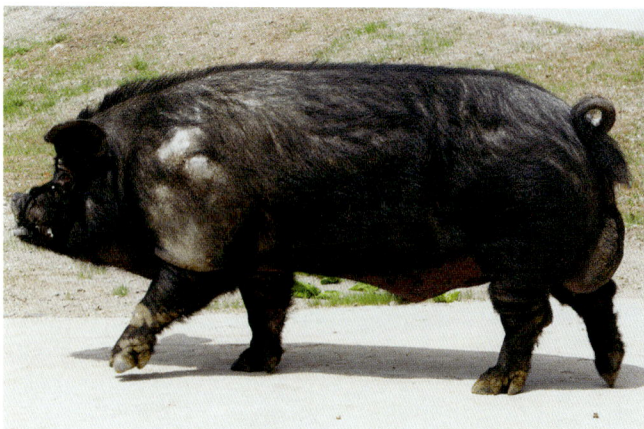

枞阳黑猪公猪

枞阳黑猪母猪

（二）体重和体尺

枞阳黑猪成年体重和体尺见表 1。

表 1　枞阳黑猪成年体重和体尺

性别	体重 (kg)	体高 (cm)	体长 (cm)	胸围 (cm)
公	158.93±28.45	81.75±4.61	146.77±15.79	147.52±13.42
母	154.26±22.22	77.34±6.24	143.79±12.01	144.96±4.25

注：2022 年 6—12 月由安徽农业大学在枞阳县翠平生态综合养殖场测定成年公猪 20 头、母猪 56 头（圈养）。

四、生产性能

（一）生长发育

枞阳黑猪生长发育测定结果见表 2。

表 2　枞阳黑猪生长发育

性别	初生重（kg）	断奶日龄	断奶重 （kg）	保育期末日龄	保育期末重 （kg）	120 日龄体重 （kg）
公	0.86±0.09	30	5.62±0.11	70	17.37±0.52	39.55±1.52
母	0.85±0.09	30	5.59±0.20	70	17.51±0.70	40.30±2.27

注：2021 年 11 月至 2022 年 3 月由安徽农业大学在枞阳县翠平生态综合养殖场测定公、母猪各 15 头（圈养）。

（二）育肥性能

枞阳黑猪育肥性能见表 3。

表 3　枞阳黑猪育肥性能

性别	育肥起测日龄	育肥起测体重 （kg）	育肥结测日龄	育肥结测体重 （kg）	育肥期日增重 （g）	育肥期料重比
公	95.7±10.7	32.08±8.92	186.3±11.2	74.57±12.23	472.1±73.6	3.50±0.44
母	94.3±9.7	32.36±9.36	184.3±9.7	69.70±11.69	414.9±48.2	3.43±0.39

注：2022 年 2—5 月由安徽农业大学在枞阳县翠平生态综合养殖场测定公、母猪各 15 头（圈养）。

（三）屠宰性能

枞阳黑猪屠宰性能见表 4。

表 4　枞阳黑猪屠宰性能

表 4　枞阳黑猪屠宰性能

性别	屠宰日龄	宰前活重（kg）	胴体重	平均背膘厚（mm）	6～7 肋处皮厚（mm）	眼肌面积（cm²）	皮率（%）	骨率（%）	肥肉率（%）	瘦肉率（%）	屠宰率（%）	肋骨对数
公	257.0±12.82	105.4±6.02	78.14±4.13	40.45±3.65	3.24±0.36	34.30±3.09	9.80±0.31	9.77±0.37	35.95±1.52	44.49±1.7	74.16±0.89	14
母	267.1±36.27	105.1±5.93	77.72±4.57	40.33±3.67	3.13±0.37	33.33±3.74	9.52±0.67	9.40±0.83	36.60±2.39	44.47±2.06	73.99±1.31	14

注：2022 年 11 月由安徽农业大学在枞阳县翠平生态综合养殖场测定公、母猪各 10 头（圈养）。

（四）胴体肌肉品质

枞阳黑猪胴体肌肉品质见表 5。

表 5　枞阳黑猪胴体肌肉品质

性别	肉色评分	pH_{1h}	pH_{24h}	滴水损失（%）	大理石纹评分	肌内脂肪含量（%）	剪切力（N）
公	4.85±0.58	6.50±0.15	6.04±0.10	3.90±0.19	4.4±0.4	3.39±0.31	50.76±3.92
母	4.70±0.71	6.50±0.18	5.99±0.11	4.02±0.21	4.1±0.5	3.32±0.41	52.43±6.76

注：2022 年 11 月由安徽农业大学在枞阳县翠平生态综合养殖场测定公、母猪各 10 头（圈养）。

（五）繁殖性能

枞阳黑猪性成熟较早，小公猪 3 月龄、小母猪 4 月龄开始性成熟，公猪 6～7 月龄、体重 55～60kg 初配，利用年限为 5～6 年；种母猪 5～6 月龄、体重 50～55kg 初配，发情周期为 18～22d，发情持续期 3～4d，利用年限为 6～7 年。初产母猪（15 窝）平均窝产仔数 10 头，窝产活仔数 9 头；30 日龄平均断奶仔猪数 8.1 头，断奶窝重 43.82kg。经产母猪（41 窝）平均窝产仔数 12 头，窝产活仔数 11.2 头；30 日龄平均断奶仔猪数 11 头，断奶窝重 61.8kg。

五、保护与利用

（一）保护情况

2011 年，枞阳黑猪作为圩猪的一个类群被收录于《中国畜禽遗传资源志·猪志》。2020 年、2021 年作为圩猪的一个类群被列入《国家畜禽遗传资源品种名录》。2009 年、2016 年、2023 年枞阳黑猪均被列入《安徽省省级畜禽遗传资源保护名录》。

1. **活体保护**　2000 年枞阳县政府在麒麟、浮山、钱桥、义津等四个乡镇建立了枞阳黑猪保护区，保护区内有种公猪 20 头，能繁母猪 2 000 头。2005 年枞阳县畜牧兽医局与区内饲养户签订了"枞阳黑猪保种公猪协议书""枞阳黑猪保种母猪协议书"。2009 年依托枞阳县翠平生态综合养殖场建立了保种场，开展枞阳黑猪保种及开发利用工作，2021 年该公司被确定为省级枞阳黑猪保种场，并与省农业农村厅、资源所在地县级政府签订了三方保种协议；枞阳县翠平生态综合养殖场保种群存栏种公猪 14 头，能繁母猪 106 头，7 个家系。2023 年，安徽省农业农村厅制定了《圩猪濒危资源抢救性保护方案》。

2.遗传材料保存　2024 年，安徽省家畜基因库制作保存了枞阳黑猪细管冻精 7 055 剂。

（二）开发利用

该品种处于濒危状态，且分布区域狭窄，目前主要工作是纯繁扩群，增加群体数量。

2019 年枞阳县翠平生态综合养殖场在枞阳县农业农村主管部门和专家的指导下，制定了枞阳黑猪企业标准，指导保种场生产。

枞阳黑猪群体

六、评价与展望

枞阳黑猪耐青粗饲料，抗病力强，耐高温高湿，肉色鲜红，肉质鲜嫩。生长速度相对较慢。今后应加大保护力度，逐步增加枞阳黑猪纯种数量、公猪血统数和有效群体含量。加强枞阳黑猪遗传资源种质特性研究，充分发挥其肉质好的特点，有计划地开展杂交优势利用，以提高经济收益。

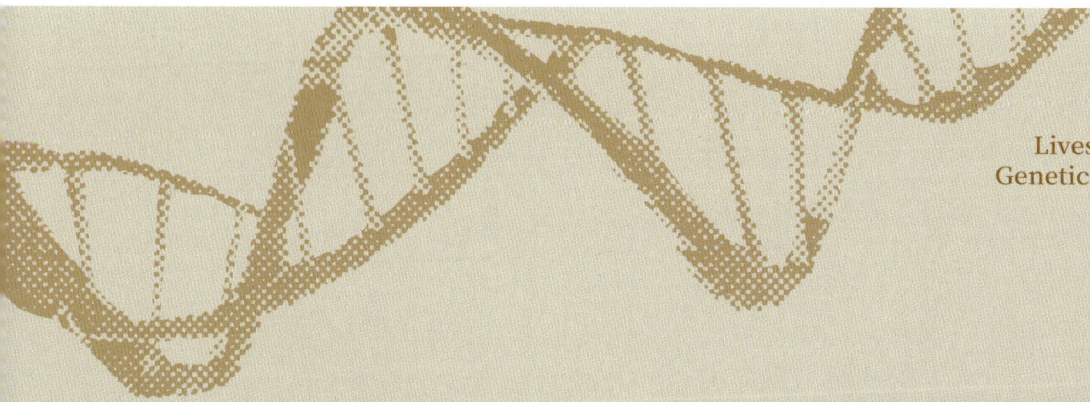

牛

概述

一、安徽省地方牛种质资源的溯源

根据有关资料记载及现代分子生物技术研究等综合考证，中国黄牛的起源主要包括两种血统来源，一种是原牛的亚洲变种（现代普通牛的始祖），另一种是瘤牛，其次还有少量爪哇牛和牦牛血统的影响。中国的水牛起源于亚洲原水牛。

安徽养牛历史悠久，可追溯到 5 000 年前的新石器时代。1956 年安徽寿县（古称寿春）出土了春秋战国时期的错银铜卧牛装饰品，呈跪伏状的黄牛像造型。在宿县的蕲县集、凤台县桥口、固镇县刘套的珍珠沟等地，出土了晚更新世原始水牛角、水牛头角化石。

二、安徽省地方牛种质资源的分类与分布

（一）安徽省地方牛种质资源的分类

安徽地方牛种质资源主要分为黄牛和水牛两大类。1986 年版的《中国牛品种志》将中国黄牛划分为中原黄牛、北方黄牛和南方黄牛，将皖南牛、大别山牛归为南方黄牛；2011 年版《中国畜禽遗传资源志·牛志》将中国黄牛划分为北方型、中原型、南方型和培育品种，将皖南牛、大别山牛归为南方型。2015 年，经国家畜禽遗传资源委员会鉴定通过的皖东牛，被归为南方型。

早期大多数学者认为我国各地的水牛无品种之分，皆是一个品种，统称为中国水牛。这一观点被 1986 年版《中国牛品种志》所采用。也有学者持不同观点，认为分布在各地的水牛类群间应有明显的遗传差异，按水牛地理分布和体型大小，可将中国水牛分为滨海型、平原湖区型、高原平坝型和丘陵山地型等四大类型，将东流水牛归为平原湖区型。2011 年版《中国畜禽遗传资源志·牛志》收录了 26 个中国水牛地方品种资源，各地方品种均以所在地来命名，不再分型，安徽省两个水牛品种资源分别为东流水牛、江淮水牛。

（二）安徽省地方牛种质资源的分布

大别山牛主要分布于太湖县、宿松县、岳西县、金寨县、霍山县等地；皖东牛主要分布于凤阳县、定远县、明光市、来安县等地；皖南牛主要分布于旌德县、绩溪县、黟县、歙县、休宁县等地。

江淮水牛主要分布于霍邱县、定远县和肥东县等地；东流水牛主要分布于长江两岸的东至县、岳西县、桐城市、泾县等地。

三、安徽省地方牛种质资源状况

2021 年第三次全国畜禽遗传资源普查显示，安徽省五个地方牛种群体数量共 41 503 头。其中，大别山牛 20 249 头，皖东牛 1 223 头，皖南牛 13 172 头，东流水牛 746 头，江淮水牛 6 113 头。皖北地区的皖北黄牛因种群数量不足，未通过国家畜禽遗传资源委员会审定。

四、安徽省地方牛种质资源的保护与利用

（一）安徽地方牛种质资源的保护

2009 年，安徽省首次公布省级畜禽遗传资源保护名录，将大别山牛、皖南牛、皖北黄牛、东流水牛列入保护名录，建立保种场，开始地方牛种质资源保护工作。2016 年，修订了省级畜禽遗传资源保护名录，增加皖东牛、江淮水牛为保护品种。2023 年，再次修订省级畜禽遗传资源保护名录，因皖北黄牛未通过国家畜禽遗传资源委员会现场审定，且未被列入《国家畜禽遗传资源品种名录（2021 年版）》，专家建议待国家畜禽遗传资源委员会审定通过后再将其列入。目前，大别山牛、皖南牛、皖东牛、东流水牛、江淮水牛均已建立省级保种场。

在活体保护的同时，也加强了遗传材料保存。2023 年年底，省级家畜基因库保存地方牛冻精 40 683 剂、体细胞 293 份、组织样本 699 份、血液基因组 DNA 293 份；国家家畜基因库保存安徽省地方牛冻精 10 358 剂。

（二）安徽省地方牛种质资源的开发利用

2012 年，农业部发布实施《全国肉牛遗传改良计划（2011—2025 年）》，确定安徽省凤阳县大明农牧科技发展有限公司、太湖县久鸿农业综合开发有限责任公司为国家肉牛核心育种场，分别承担皖东牛、大别山牛选育和后裔测定。2011 年，农业部公告确定安徽天达畜牧科技有限责任公司为国家种公牛站，批准从事牛冷冻精液生产经营，2021 年变更为安徽苏家湖良种肉牛科技发展有限公司。

2021 年，在党中央国务院统一部署下，安徽省制订了《推进种业振兴打造种业强省行动方案》，组织安徽农业大学、安徽省农业科学院、安徽科技学院开展肉牛良种联合攻关，推进皖东牛、大别山牛、皖南牛的良种选育和开发利用。2023 年，安徽省人民政府办公厅印发《关于实施"秸秆变肉"暨肉牛振兴计划的意见》，明确要求进一步加强对大别山牛、皖南牛、皖东牛、东流水牛、江淮水牛等地方特色品种的保护、选育和开发利用工作，培育特色肉牛产业。安徽省大别山牛相关品牌商标有"团岭""山里娃""大别山皇牛"；皖南牛相关品牌商标有"旌德黄牛""虎威""旌牛""秘牛道"；皖东牛相关品牌商标有"牧耕堂"。

大别山牛

大别山牛（Dabieshan cattle），曾用名大别山黄牛，属役肉兼用型黄牛地方品种。

一、一般情况

（一）产区及分布

大别山牛原产地为皖西南大别山区，中心产区为安庆市太湖县、宿松县，主要分布于安庆市的岳西县、怀宁县、潜山市、望江县、桐城市和六安市的金寨县、霍山县、舒城县等地，以及泛大别山地区和湖北省的部分地区。

（二）产区自然生态条件

大别山牛原产地位于北纬 30°10′—32°30′、东经 112°40′—117°10′，所在区域山脉逶迤起伏，地势中间高四周低，中部地区为山地，周边为低山丘陵，并有河道漫滩和缓坡阶地，海拔 50～1 770m。产区属亚热带季风气候，年平均气温 15.6℃，年最高气温 39.6℃，年最低气温 −10.6℃；年平均日照时数 1 400～1 600h；无霜期 244～247d；年平均降水量 1 000～1 493mm；年平均相对湿度 79%。境内溪谷交错，是长江与淮河的分水岭，河流主要有皖河、漂河、燕子河、史河等。土壤类型多样，山区多为黄棕壤，缓坡多为黄红壤。农作物主要有水稻、小麦、玉米、甘薯、油菜、花生、茶叶等，果蔬种类繁多，草山草坡面积多而散。

（三）饲养管理

大别山牛饲养方式：一是舍饲；二是放牧与舍饲结合，这种养殖方式一年大致可分为全放牧、半舍饲半放牧、全舍饲三个时期，从谷雨到寒露的 5 个半月为全放牧，寒露到霜降、春分到谷雨约 2 个月为半舍饲半放牧，霜降到春分约 4 个半月以舍饲为主。大别山牛放牧时对当地野生杂草、农作物秸秆等低成本饲草资源利用率高，可基本满足生长需要。

二、品种来源与变化

（一）品种形成

大别山区养牛历史悠久，当地养牛以役用为主，南北朝北齐年间(550—577 年)就有用黄牛耕地的记载。

该地区是南北交汇之地，北部淮河、西北部黄泛区历史上多灾荒，人口、牛只流动频繁。北方牛南下，南方牛北上，长期南、北牛混杂，自然形成了体型中等、适应大别山地区自然、经济条件的中间类型牛种。

大别山区缓坡林地、草地较多，具有自然放牧条件。该区域水田多，系坡田和小块梯田，俗称"牛眼睛地"，由于田块小，使用黄牛耕地，逐步成为传统黄牛养殖地。该区域历史上曾有大量牛只输往淮北、江淮和长江中下游地区，有"赶不尽的南山牛"之说。为提高黄牛的耕作能力，当地重视牛的选育，在整体外貌上，民间有"上选一张皮，下选四个蹄，前选胸膛宽，后选屁股齐"的选牛农谚。公牛重视前躯选择，"前躯高一掌，只听犁耙响"；母牛重视后躯选择，"肚大尾宽，下儿无边"。经长期选育，形成了大别山牛体质结实、行动敏捷、善于攀爬、性情活泼、合群性较好的特点，并具有较好的水、旱兼作役用性能。

安徽省于1956年、1964年先后两次对省内开展黄牛调查，将分布于大别山地区的黄牛命名为大别山黄牛。湖北省1959年以黄陂县所产黄牛体型较大，定名为黄陂黄牛。1982年9月，中国牛品种志编写组会同安徽、湖北两省有关市县畜牧行政单位和科技人员经实地考察后，一致认为两省的大别山地区黄牛属同种异名，因此统一定名为大别山牛。

（二）群体数量及变化情况

1981年，安徽省存栏大别山牛10万余头；2007年，大别山牛存栏8万余头；2021年，安徽省内大别山牛群体数量2.03万头，其中种公牛1 846头，能繁母牛9 987头。

三、体型外貌特征

（一）外貌特征

大别山牛中等体型，结构紧凑匀称。被毛短而光滑，毛色呈深浅不等的黄褐色，以草黄色、深黄褐为主，其次为棕黄色，少部分为黑色，腹下、四肢、尾部毛色稍浅。角形多为迎风角、笋角或叉角等。肩峰明显，背腰较平直，胸深宽，肋骨明显拱起，后躯较宽，尻部微斜，四肢短而健，筋腱清晰，蹄圆大而结实，尾长至飞节以下。公牛头方额宽，颈部粗而短，垂皮发达，胸深宽，腹圆无脐垂，臀部圆而有斜尻。母牛体型偏小、匀称，头部狭长而清秀，肩峰不显著，肋部微拱，斜尻明显，腹圆，少数有草腹，臀部微圆，乳房多呈碗形或梨形，极少有副乳头。

大别山牛公牛　　　　　　　　　　　　　大别山牛母牛

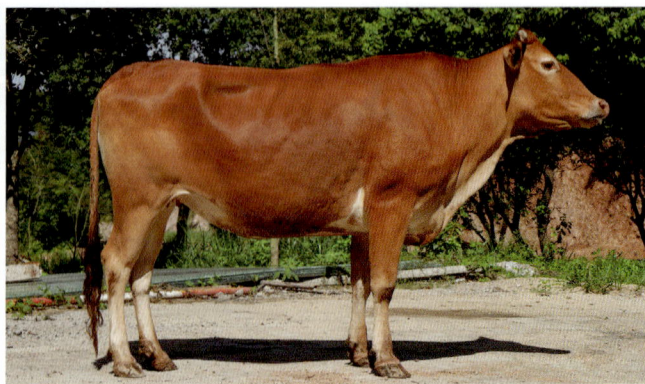

（二）体重和体尺

大别山牛成年体重和体尺见表1。

表1　大别山牛成年体重和体尺

性别	体重（kg）	体高（cm）	十字部高（cm）	体斜长（cm）	胸围（cm）	腹围（cm）	管围（cm）
公	462.7±48.7	132.0 ±3.9	125.4 ±2.8	139.3±6.1	183.5±6.1	207.9 ±8.2	21.8±1.6
母	269.3±28.4	113.5±23.7	113.0±23.6	126.8±26.4	153.3±32.0	182.5±38.1	16.1±3.4

注：2022年8月由安徽省农业科学院畜牧兽医研究所在太湖县久鸿农业综合开发有限责任公司测定30～60月龄公牛10头、母牛20头（半舍饲）。

四、生产性能

（一）生长发育

大别山牛生长发育测定结果见表2。

表2　大别山牛生长发育　　　　　　　　　　　　　　　　　　单位：kg

性别	初生重	6月龄体重	12月龄体重	18月龄体重	24月龄体重
公	20.9±2.3	111.9±12.2	148.1±14.6	241.4±26.1	312.3±19.7
母	18.0±1.0	108.6±9.5	143.2±6.6	233.6±30.5	269.4±31.9

注：2021年1月至2022年12月由安徽省农业科学院畜牧兽医研究所在太湖县久鸿农业综合开发有限责任公司测定初生、6月龄、12月龄、18月龄公牛10头、母牛20头，24月龄公牛20头、母牛12头（半舍饲）。

（二）育肥性能

大别山牛公牛育肥性能见表3。

表3　大别山牛公牛育肥性能　　　　　　　　　　　　　　　　单位：kg

性别	初测体重	终测体重	日增重
公	312.4 ±19.0	442.7±28.0	0.7±0.1

注：2022年5—11月由安徽省农业科学院畜牧兽医研究所在太湖县久鸿农业综合开发有限责任公司测定公牛20头（舍饲，24月龄初测）。

（三）屠宰性能

大别山牛屠宰性能见表4。

表4 大别山牛屠宰性能

性别	宰前活重（kg）	胴体重（kg）	净肉重（kg）	骨重（kg）	眼肌面积（cm²）	屠宰率（%）	净肉率（%）	肋骨对数	肉骨比
公	284.0±32.3	144.2±12.8	120.8±10.7	23.4±2.9	46.1±3.3	50.9±1.9	42.6±1.7	13	5.2±0.4
母	241.0±31.5	112.6±14.3	94.2±11.2	18.4±4.0	49.2±5.7	46.9±4.9	39.2±3.8	13	5.2±0.8

注：2021年12月、2022年12月由安徽省农业科学院畜牧兽医研究所在太湖县久鸿农业综合开发有限责任公司测定公、母牛各5头（舍饲）。

（四）肉品质

大别山牛肉品质见表5。

表5 大别山牛肉品质

性别	肉色			脂肪颜色评分	肌肉大理石纹评分	剪切力（N）	pH		肌肉系水力（%）滴水损失法
	a	b	L				pH$_{1h}$	pH$_{24h}$	
公	21.1±3.6	11.1±3.1	30.8±4.5	4.7±1.2	3.1±0.4	55.86±6.86	6.7±0.1	6.2±0.2	1.99±0.16
母	20.6±0.1	9.8±1.0	29.8±2.8	5.8±0.5	2.8±0.5	56.84±4.90	6.8±0.1	6.4±0.2	2.03±0.27

注：2023年1月由安徽省农业科学院畜牧兽医研究所在太湖县久鸿农业综合开发有限责任公司测定公牛6头、母牛4头（舍饲）。

（五）繁殖性能

大别山牛母牛1～1.5岁时开始出现明显发情征状，发情时间持续2～3d，发情周期平均23d。妊娠期245～297d，母牛常年发情，放牧时以4—7月份发情较多。

大别山牛公牛初配年龄在2.5岁以后，使用年限5～6年（饲养条件较好的情况下，配种能力可以维持10年以上）。

（六）役用性能

据2007年第二次畜禽遗传资源调查，大别山牛主要用于犁、耙、耖田和打场，集中于每年的春、秋两季，全年使役时间约100d。最大挽力公牛为296.4kg，占体重的138.6%；母牛为220kg，占体重的113.8%。

五、保护与利用

（一）保护情况

1988 年大别山牛被收录于《中国牛品种志》；2011 年被收录于《中国畜禽遗传资源志·牛志》；2021 年被列入《国家畜禽遗传资源品种名录》；2009 年、2016 年、2023 年被列入《安徽省省级畜禽遗传资源保护名录》。

1. 活体保护　2015 年，太湖县久鸿农业综合开发有限责任公司被确定为省级大别山牛保种场。2021 年，安徽省再次确定太湖县久鸿农业综合开发有限责任公司为省级大别山牛保种场，并增加安徽省霍山县水口寺农业有限公司为省级大别山牛保种场。

2023 年，太湖县久鸿农业综合开发有限责任公司存栏大别山牛保种群 165 头，其中种公牛 15 头，能繁母牛 150 头，15 个家系；安徽省霍山县水口寺农业有限公司存栏保种群 325 头，其中种公牛及后备公牛 30 头，种母牛及后备母牛 295 头，10 个家系。

2. 遗传材料保存　安徽省家畜基因库制作保存大别山牛细管冻精 3 800 剂、基因组总 DNA 样本 40 份。

（二）开发利用

20 世纪 80 年代，安徽省曾利用短角牛、丹麦红牛、辛地红牛、娟姗牛和南阳牛等良种公牛的冷冻精液对大别山牛进行杂交改良试验，结果显示日增重明显提高。

2012 年，安徽省农业科学院在颍上牛哥牧业科技有限公司开展大别山牛和红色安格斯牛杂交生产优质牛肉研究，截至 2024 年 8 月，存栏二代杂交群体 180 头，三代杂交群体 90 头。

2019 年，太湖县久鸿农业综合开发有限责任公司被遴选为国家级地方牛核心育种场，开展本品种选育遗传改良工作。注册"团岭"大别山牛肉商标。

安徽省发布了地方标准《大别山牛养殖技术规范》（DB3415/T 35—2022）、《大别山牛舍饲化生产技术规程》（DB34/T 4405—2023）。

大别山牛群体

六、评价与展望

　　大别山牛具有耐粗饲、耐高温高湿、抗病力强、肉用性能较好等优良特性，但体型差异大，后躯不够丰满。历史上大别山牛多以役用为主，随着社会经济的发展变化，其主要用途和选育目标逐步转向肉用。因此，今后应加大该品种的保护力度，充分发掘大别山牛的优良基因特性，加强大别山牛的系统选育，提高其生长性能和肉用性能。

皖南牛

皖南牛（Wannan cattle），曾用名皖南黄牛，属役肉兼用型黄牛地方品种。

一、一般情况

（一）产区及分布

皖南牛原产地为皖南山区，中心产区为宣城市旌德县和绩溪县，主要分布于宣城市、黄山市和池州市等地，在安庆市、铜陵市等地也有分布。

（二）产区自然生态条件

皖南牛原产地位于北纬 29°31′—31°、东经 116°31′—119°45′，地处安徽省南部，东南与浙江省相接，西南与江西省相邻，北以沿江丘陵平原为界，即沿平原丘陵区以南的山地丘陵地带，海拔 20～1 841m。产区属亚热带湿润季风气候，年平均气温 15.7℃，年最高气温 41.5℃，年最低气温 −16.0℃；年平均日照时数 1 784.1h；无霜期 230～250d；年平均降水量 1 100～2 500mm；年平均相对湿度 75%。境内主要河流有长江、新安江、青弋江、水阳江四大水系。土壤类型主要有黄棕壤、红壤、黄壤、紫色土和冲积土，山地层较厚，质地疏松。农作物以水稻、油菜为主。

（三）饲养管理

皖南牛主要有舍饲、放牧与舍饲相结合的饲养方式。

中小规模养殖场，春季至秋季全天放牧，冬季舍饲；一般养殖户根据条件，白天放牧，晚上舍内补饲。舍饲以农作物秸秆为主，辅助饲喂部分精料。放牧以山地丘陵青绿饲草植被为主。

二、品种来源与变化

（一）品种形成

皖南山区养牛历史悠久，素有用黄牛耕作水田的习惯。南宋罗愿《新安志》（1175 年）记载："黄牛小儿垂胡，色杂驳不正，黄土之所产……牧不收"；明弘治《徽州府志》（1502 年）记载："歙县牛群昼夜放山谷中""绩溪牛草之牧不收""绩溪、宁国向有养膘牛习惯"；清同治《黟县志》（1812 年）记载："黟人以圈养之，用稻草铺脚下，谓之牛铺，牛粪其上，约半月一换，日则使小儿放往田场树荫下，晚则驱之使回，以盐拌饭

饲之则有力，暑天亦于塘窟中浴之，牛病用苦参拌东壁土最效。"可见皖南山区自古放牧养牛，管理精细。

皖南山区地势高低起伏，气候湿润，农业以水田为主，山区水田较小而分散，在这样的自然条件下，经过长期的自然选择和人工选育逐步形成现在体小灵活，善于爬山，耐湿热、耐粗饲，役力较强的皖南牛。

（二）群体数量及变化情况

1982年皖南牛存栏4.8万余头；2006年，皖南牛存栏10万余头；2021年，皖南牛群体数量1.32万头，其中种公牛1 555头，能繁母牛5 415头。

三、体型外貌特征

（一）外貌特征

皖南牛体型中等，体质结实匀称。被毛为贴身短毛，毛色以黄褐色、橘黄色、黄红色等较多，少量为黑色，偶见虎斑，多数具有背线。角长而向上弯曲，亦有笋角和短钝角，多灰色。颈稍短，垂皮发达，前躯发达，胸部较深，背腰平直，体躯短，四肢较细、管围小。蹄多黑色，蹄壳耐水泡。尾细而长，帚毛密而多。公牛额宽平，肩峰较高。母牛头较狭长而轻，稍具肩峰。

皖南牛公牛

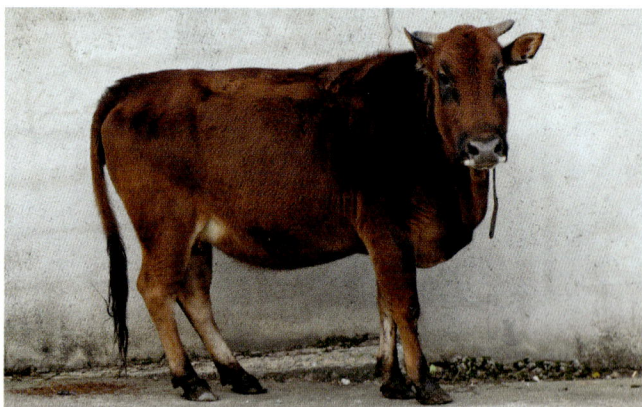
皖南牛母牛

（二）体重和体尺

皖南牛成年体重和体尺见表1。

表1　皖南牛成年体重和体尺

性别	体重（kg）	体高（cm）	十字部高（cm）	体斜长（cm）	胸围（cm）	腹围（cm）	管围（cm）	胸宽（cm）	坐骨端宽（cm）
公	375.07±80.76	126.85±8.51	120.93±5.66	138.80±13.24	171.50±14.77	197.73±15.38	18.27±1.07	44.20±0.94	18.53±1.13
母	315.12±26.10	113.05±4.81	112.75±4.28	130.85±8.47	156.99±8.37	187.38±12.39	16.35±0.58	42.35±1.16	17.73±1.16

注：2022年8月由安徽农业大学在旌德县虎威黄山黄牛养殖农民专业合作社测定公牛15头、母牛35头（半舍饲）。

安徽畜禽遗传资源志　Livestock and Poultry Genetic Resources In Anhui

四、生产性能

（一）生长发育

皖南牛生长发育测定结果见表2。

表2　皖南牛生长发育　　　　　　　　　　　　　　单位：kg

性别	初生重	6月龄体重	12月龄体重	18月龄体重
公	18.86±2.30	116.57±5.76	174.98±18.62	244.34±23.23
母	14.53±1.97	99.17±5.60	150.53±18.14	184.57±15.63

注：2021年12月至2023年6月由安徽农业大学在旌德县虎威黄山黄牛养殖农民专业合作社测定公牛11头、母牛21头（半舍饲）。

（二）育肥性能

皖南牛公牛育肥性能见表3。

表3　皖南牛公牛育肥性能　　　　　　　　　　　　单位：kg

初测体重	终测体重	日增重	育肥形式
334.65±28.02	359.60±17.74	0.19±0.10	放牧／未育肥

注：2022年3—10月由安徽农业大学在旌德县虎威黄山黄牛养殖农民专业合作社测定公牛20头（半舍饲）。

（三）屠宰性能

皖南牛公牛屠宰性能见表4。

表4　皖南牛公牛屠宰性能

宰前活重 （kg）	胴体重 （kg）	净肉重 （kg）	骨重 （kg）	眼肌面积 （cm²）	屠宰率 （%）	净肉率 （%）	肋骨对数	肉骨比
359.32±17.77	185.62±9.16	148.61±7.73	34.53±2.09	70.27±1.03	51.68±0.57	41.35±0.47	13.00±0.00	4.31±0.24

注：2022年11月由安徽农业大学在旌德县虎威黄山黄牛养殖农民专业合作社测定公牛13头（半舍饲）。

（四）肉品质

皖南牛肉品质见表5。

表 5　皖南牛肉品质

| 性别 | 肉色 | | | 肌肉大理石纹评分 | 脂肪颜色评分 | 剪切力（N） | pH | | 肌肉系水力（%） | |
	a	b	L				pH_{1h}	pH_{24h}	滴水损失法	加压法
公	8.38±1.03	5.02±1.66	29.48±3.26	2.80±0.79	2.90±0.57	55.47±4.90	6.76±0.10	6.05±0.22	2.19±0.17	2.68±0.20

注：2022 年 12 月由安徽农业大学在旌德县虎威黄山黄牛养殖农民专业合作社测定公牛 12 头（半舍饲）。

（五）繁殖性能

皖南牛公牛性成熟年龄为 8 ～ 10 月龄，初配年龄为 20 ～ 24 月龄，利用年限 10 ～ 12 年。母牛初情期 8 ～ 9 月龄，初配年龄 14 ～ 16 月龄，发情季节大多集中在 5—11 月份，发情周期 18 ～ 24d，妊娠期 270 ～ 285d。

（六）役用性能

据《中国牛品种志》（1988 年版）记载，皖南牛一般从 2 岁开始使役，10 岁以前为耕作盛期。最大挽力，大型牛 300kg 左右，中型牛 200 ～ 250kg，小型牛 150 ～ 180kg，一般犁地耕作挽力平均为 65 ～ 110kg。

五、保护与利用

（一）保护情况

1988 年皖南牛被收录于《中国牛品种志》；2011 年被收录于《中国畜禽遗传资源志·牛志》；2020 年和 2021 年被列入《国家畜禽遗传资源品种名录》；2009 年、2016 年和 2023 年被列入《安徽省省级畜禽遗传资源保护名录》。

1. 活体保护　2021 年，旌德县虎威黄山黄牛养殖农民专业合作社被确定为省级皖南牛保种场，并与安徽省农业农村厅、旌德县人民政府签订三方保种协议。

2023 年，旌德县虎威黄山黄牛养殖农民专业合作社存栏皖南牛 361 头，其中种公牛 12 头，能繁母牛 100 头，6 个家系。

2. 遗传材料保存　2023 年安徽省家畜基因库制作保存皖南牛细管冻精 7 108 剂、组织样 261 份、基因组总 DNA 样本 6 份。

（二）开发利用

20 世纪 90 年代，安徽省畜禽品种改良站利用皖南牛与日本和牛杂交，命名为"中国肉牛 1 号"。2019 年，"旌德黄牛"获国家农产品地理标志认证（AGI02551）。2021 年，旌德县出台《关于印发旌德县关于推进农业产业化加快发展的实施办法的通知》（旌办发〔2021〕51 号）、《黄牛产业发展实施方案（2022—2025 年）》，把皖南牛产业作为助推乡村振兴的主导产业。旌德县先后建设旌德县红金山家庭养殖农场、旌德县虎威黄山黄牛养殖农民专业合作社2家省级标准化养殖示范场，注册"虎威""旌牛""秘牛道"3个品牌。

安徽省发布了地方标准《皖南黄牛种牛饲养管理技术规程》（DB34/T 4404—2023）。

皖南牛群体

六、评价与展望

皖南牛是分布于安徽省亚热带山区的一个地方良种，行动敏捷，善于爬山觅食，繁殖性能好，性情温驯，具有耐粗、耐热耐湿和高山放牧的特点，能在水田中连续作业而蹄壳不软不烂。肉质细嫩、风味鲜美、易煮熟调制，是徽菜的主要食材。今后应继续加强肉用性能选育，提高皖南牛牛肉的产量和质量。

皖东牛

皖东牛（Wandong cattle），属役肉兼用型黄牛地方品种。

一、一般情况

（一）产区及分布

皖东牛原产地为安徽省东部，中心产区为滁州市凤阳县刘府镇、大庙镇和小溪河镇，主要分布于滁州市凤阳县、定远县、明光市和来安县，在蚌埠市、合肥市和安庆市等地也有少量饲养。

（二）产区自然生态条件

皖东牛原产地位于北纬31°16′—33°13′、东经116°48—118°40′，地处安徽省东部，地貌类型以低山、丘陵、岗地、湖滨和沿河平原为主，境内有黄寨、大柳等草场；海拔100～300m。产区属北亚热带向暖温带过渡性气候，年平均气温14.8℃，年最高气温40.8℃，年最低气温－19.6℃；年平均日照时数2 073.4h；无霜期204d；年平均降水量912.5mm；年平均相对湿度65%。境内河流主要有淮河、滁河、池河、清流河、小沙河等。土壤类型以黄褐土和黄棕壤为主，还有砂姜黑土、石灰土。主要农作物有小麦、水稻、大豆、玉米、甘薯和花生等。

（三）饲养管理

皖东牛主要饲养方式为舍饲和放牧。一般养牛户饲养20～30头，多者可达上百头。该品种性情温驯，易管理，难产率低，抗病力强。主要补饲精料为豆粕、玉米、麸皮、棉粕等，粗饲料为小麦秸、稻草、玉米秸（或青贮）、大豆秸、甘薯秧等。

二、品种来源与变化

（一）品种形成

皖东地区黄牛养殖历史悠久。据《明太祖实录》（1399年）中记载："洪武三年六月辛巳，官给牛、种、舟、粮，以资遣之，仍三年不征其税，于是徙者凡四千余户。"明天启《凤阳新书》（1621年）中记载："洪武七年，上谓太师李善长曰……给予耕牛谷种，使之开垦成田，用为己业。"

据光绪二十年所修《五河县志》（1894年）卷十·食货志·物产篇记载："牛有二种，……一曰黄牛有驿黄白黑各色，体小力薄曰犁牛，价贱，均能负重驾犁，冬畏寒，编草为褥，以覆其背曰牛衣。"

《滁县地区农业志》中记载："滁县地区黄牛属南方黄牛，役用，主要分布在凤阳、嘉山、定远县和来安县的部分区、乡……"

皖东牛是在安徽省江淮分水岭地区特殊地理环境条件下，长期选育形成的。2006年，安徽省第二次畜禽遗传资源调查发现凤阳、定远、明光、怀远、五河等县地方黄牛群体品种特征比较独特，初步认定该群体为安徽省新发现的地方黄牛品种资源。2015年该品种通过国家畜禽遗传资源委员会鉴定，命名为皖东牛。

（二）群体数量及变化情况

2011年，皖东牛存栏量达6 000多头；2021年，皖东牛群体数量1 223头，其中成年公牛183头，能繁母牛862头。

三、体型外貌特征

（一）外貌特征

皖东牛体型中等偏大，结构较匀称，躯干结实。被毛多为黄色和深褐色。

黄色类型的头部、颈部、鬐甲部毛色较深；鼻镜多为粉色；角向前上方伸展，且多数角尖呈弧状向内弯曲，长度中等；角基部椭圆形，呈灰白色；角尖黑色，呈圆锥形。耳平伸，耳壳厚，耳端较尖。腰围大，无脐垂，尻部长度适中、较平直；四肢较细短，管骨细而结实。尾细长，略超过飞节。蹄质坚实，呈木碗状，蹄壳多为黄褐色。

深褐色类型的腹下、四肢内侧、尾中部毛色为浅褐色，尾梢为黑色，被毛短且较为细密，有的公牛头颈部有旋毛；鼻镜多为黑褐色，偶有色斑；鼻孔周围为马蹄状白色，眼眶周围毛色较浅。

公牛头稍粗重、颈较粗短，肩峰和胸部发达，鬐甲较高，胸宽而深，前胸较发达，背腰平直。

母牛头清秀、长而轻，颈略细长，肩峰不明显，胸垂较小，胸宽适中，腹大而不下垂。乳房发育较好，乳头较粗长。

皖东牛公牛

皖东牛母牛

（二）体重和体尺

皖东牛成年体重和体尺见表1。

表1　皖东牛成年体重和体尺

性别	体重（kg）	体高（cm）	十字部高（cm）	体斜长（cm）	胸围（cm）	管围（cm）	胸宽（cm）	坐骨端宽（cm）
公	609.0±87.9	143.0±6.4	128.9±7.4	164.0±9.4	210.7±8.9	19.8±1.0	56.9±4.5	19.2±3.4
母	447.5±39.7	126.1±4.2	119.3±3.9	147.9±7.5	186.2±8.3	17.4±1.1	45.5±3.0	17.3±1.7

注：2022年3月由安徽农业大学在凤阳县大明农牧科技发展有限公司测定成年公牛10头、母牛20头（舍饲）。

四、生产性能

（一）生长发育

皖东牛生长发育测定结果见表2。

表2　皖东牛生长发育　　　　　　　　　　　　单位：kg

性别	初生重	6月龄体重	12月龄体重	18月龄体重
公	22.3±1.5	79.7±10.6	141.8±10.5	265.4±49.3
母	20.4±1.6	78.2±12.0	123.6±16.8	252.9±60.4

注：2021年3月至2022年9月由安徽农业大学在凤阳县大明农牧科技发展有限公司测定公牛10头、母牛20头（舍饲）。

（二）育肥性能

皖东牛公牛育肥性能见表3。

表3　皖东牛公牛育肥性能　　　　　　　　　单位：kg

性别	初测体重	终测体重	日增重
公	241.9±86.9	284.2±90.0	0.3±0.1

注：2022年1—12月由安徽农业大学在凤阳县大明农牧科技发展有限公司测定公牛20头（舍饲，18～24月龄公牛，中低等营养水平，散栏短期育肥4个月）。

（三）屠宰性能

皖东牛屠宰性能见表4。

表 4　皖东牛屠宰性能

性别	宰前活重（kg）	胴体重（kg）	净肉重（kg）	骨重（kg）	眼肌面积（cm²）	屠宰率（%）	净肉率（%）	肋骨对数	肉骨比
公	499.6±16.0	279.1±14.8	239.4±12.6	39.7±2.3	90.1±18.8	55.8±1.4	47.9±1.2	13	6.0±0.1
母	351.4±32.3	189.8±21.6	162.2±18.7	27.6±3.0	77.4±10.1	53.9±1.8	46.1±1.5	13	5.9±0.1

注：2022 年 1—12 月由安徽农业大学在凤阳县大明农牧科技发展有限公司测定 60 月龄公、母牛各 5 头（舍饲）。

（四）肉品质

皖东牛肉品质见表 5。

表 5　皖东牛肉品质

性别	肉色			肌肉大理石纹评分	脂肪颜色评分	剪切力(N)	pH		肌肉系水力（%）	
	a	b	L				pH₁ₕ	pH₂₄ₕ	滴水损失法	加压法
公	9.9±1.4	7.3±0.9	29.1±1.4	1.4±0.5	2.4±0.5	54.88±9.80	6.6±0.2	5.3±0.2	2.2±0.2	3.0±0.2
母	9.5±1.6	5.7±2.1	27.7±1.2	2.6±1.1	3.2±0.4	52.92±6.86	6.6±0.2	5.7±0.2	2.3±0.2	3.0±0.2

注：2022 年 1—12 月由安徽农业大学在凤阳县大明农牧科技发展有限公司测定 60 月龄公、母牛各 5 头（舍饲）。

（五）繁殖性能

皖东牛母牛 12～18 月龄性成熟，常年发情，发情持续期 1～2d，发情周期 20～23d，妊娠期 275～288d，平均 280d，产犊间隔 360～420d。

公牛初配年龄 24～30 月龄。自然交配，公母比例一般为 1∶20。

（六）役用性能

《中国畜禽遗传资源（2011—2020 年）》中记载，皖东牛主要用于犁田、耙田、耖田、打场，集中于每年的春秋两季，全年使役时间约 100d。公牛最大挽力为 602.10kg，母牛为 347.09kg。

五、保护与利用

（一）保护情况

2020 年、2021 年皖东牛被列入《国家畜禽遗传资源品种名录》；2021 年被收录于《中国畜禽遗传资源（2011—2020 年）》；2016 年、2023 年被列入《安徽省省级畜禽遗传资源保护名录》。

1. 活体保护　2021 年，凤阳县大明农牧科技发展有限公司被确定为省级皖东牛保护场，并与安徽省农业农村厅、凤阳县人民政府签订三方保种协议。

凤阳县大明农牧科技发展有限公司 2023 年存栏皖东牛核心群 197 头，其中种公牛 47 头，能繁母牛 150 头，6 个家系。

2. 遗传材料保存　2023 年，安徽省家畜基因库制作保存细管冻精 22 270 剂、体细胞 177 份、组织样本 438 份。

（二）开发利用

2019 年，凤阳县大明农牧科技发展有限公司被认定为国家肉牛核心育种场。

2019 年，凤阳县人民政府办公室印发《凤阳县促进皖东牛产业发展意见》，把皖东牛品种资源保护暨肉牛产业发展纳入全县产业扶贫工作内容，划定保护区，设立保种场，建设良种繁育体系，政府扶持补助等方式，逐步构建肉牛生产、经营和产业体系。

安徽省发布了地方标准《皖东牛》（DB34/T 4126—2022）、《皖东牛饲养管理技术规程》（DB34/T 4125—2022）。

皖东牛群体

六、评价与展望

皖东牛是皖东江淮分水岭地区农民群众长期选育的役肉兼用型地方优良品种，体格中等偏大，后躯发达，肉用性能理想，具有耐粗饲、耐热、耐寒、抗病力强、性情温驯、易饲养等特性，在优质肉牛生产中具有较高的开发利用价值。

江淮水牛

江淮水牛（Jianghuai buffalo），属役肉兼用型水牛地方品种。

一、一般情况

（一）产区及分布

江淮水牛原产地为安徽省江淮分水岭地区，中心产区为滁州市定远县和六安市霍邱县，主要分布于滁州市、六安市、合肥市、蚌埠市，淮南市、安庆市、马鞍山市也有少量饲养。

（二）产区自然生态条件

江淮水牛中心产区位于北纬 29°47′—33°13′、东经 115°52′—119°13′，地处淮河以南，长江以北的江淮分水岭地区；地貌类型以低山、丘陵、岗地、湖滨和沿河平原为主，西南高峻，东北低平，呈梯形分布；海拔 15 ~ 500m。产区属北亚热带湿润季风气候，年平均气温 15.4℃，年最高气温 41℃，年最低气温 −11.4℃；年平均日照时数 1 979.8h；无霜期 210d；年平均降水量 1 350mm；年平均相对湿度 77%。境内有淮河和长江两大水系，水草丰富。土壤类型以水稻土、黄褐土、黄棕壤土为主。主要农作物有小麦、水稻、大豆、玉米、花生、油菜、棉花、芝麻、甘薯和瓜果等。

（三）饲养管理

江淮水牛多为舍饲或半舍饲，一般饲养 1 ~ 3 头，有一定的规模养殖。该品种性情较温驯、易管理。精料主要为豆粕、玉米、麸皮等，粗饲料主要为玉米秸秆、稻草、麦秸、花生秧等。

二、品种来源与变化

（一）品种形成

产区饲养水牛历史悠久。南朝·宋·刘义庆《世说新语·言语》（444 年）中有"臣犹吴牛见月而喘"；《太平御览》（983 年）卷四引《风俗通》中有："吴牛望见月则喘，彼之苦于日，见月怖喘矣。"梁代刘孝标注云："今之水牛唯生江淮间，故谓之吴牛也。"

据光绪二十年所修《五河县志》（1894 年）卷十·食货志·物产篇记载："牛有二种，一曰牯牛，有黑、白二色，体大力多，角尺有咫，牝曰水牛。此种惟种稻者畜之……"其所述特征与现在的江淮水牛趋于一致。

由于安徽江淮之间一直以水稻种植为主，气候温和湿润，饲草十分丰富，为了适应农田耕作，经人们长期选择驯化，当地牛逐步形成了体型大、役用性能强、拉力大而持久、善过泥潭等特点。2010 年通过国家畜禽遗传资源委员会鉴定，将此地水牛命名为江淮水牛。

（二）群体数量及变化情况

2006 年，江淮水牛饲养量达到 30.4 万头；2021 年，江淮水牛群体数量 6 113 头，其中种公牛 718 头，能繁母牛 3 083 头。

三、体型外貌特征

（一）外貌特征

江淮水牛体型较大，躯干结实，结构匀称。被毛以青灰色、褐色为主，多数在颈胸结合处有两条较窄的横向、月牙形白色带。鼻镜、眼睑均为黑色，耳内、下唇、四肢下部和后腿内侧呈不同程度的白色。头部较大，额宽而突出；耳平伸，耳壳厚，耳端较尖；角长而大，角基较粗，呈方形，角尖略呈圆锥形，公牛角向外后上方弯曲，母牛角向后向上呈半圆形。颈长短适中。肩宽，肩峰和胸垂较小，颈部有少量皱褶。胸宽而深，背腰平直而宽，无脐垂，尻部宽广而倾斜。四肢粗壮，后腿微弯，多呈弓形；管围大，管骨粗而结实；尾细长，略超过飞节，尾梢颜色为黑褐色。蹄圆大而色黑。被毛较稀，额部有少量长毛，前额、颈侧无卷毛。多数牛在肩胛部和髋部有方向相反的旋毛（冬季较为明显）。母牛乳房发育较好，乳头较粗长。

江淮水牛公牛　　　　　　　　　　　　　　　　江淮水牛母牛

（二）体重和体尺

江淮水牛成年体重和体尺见表 1。

表 1　江淮水牛成年体重和体尺

性别	体重 （kg）	体高 （cm）	十字部高 (cm)	体斜长 （cm）	胸围 （cm）	腹围 （cm）	管围 (cm)
公	494.1±74.4	127.7±5.3	127.7±1.8	128.5±10.8	209.0±17.7	218.9±20.0	23.6±1.2
母	492.0±112.7	126.1±4.3	124.5±5.7	112.0±12.2	219.8±15.5	226.8±20.0	22.0±1.1

注：2022 年 1 月由安徽农业大学在安徽开牛农业科技股份有限公司测定成年公牛 11 头、母牛 21 头（舍饲）。

四、生产性能

（一）生长发育

江淮水牛生长发育测定结果见表 2。

表 2　江淮水牛生长发育　　　　　　　　　　　　　　单位：kg

性别	初生重	6 月龄体重	12 月龄体重	18 月龄体重
公	30.9±1.8	170.9±5.7	353.1±3.8	484.0±5.0
母	29.8±1.3	159.1±8.8	284.3±14.9	427.5±16.4

注：2021 年 2 月至 2022 年 8 月由安徽农业大学在安徽开牛农业科技股份有限公司测定公牛 10 头、母牛 20 头（舍饲）。

（二）育肥性能

江淮水牛育肥性能见表 3。

表 3　江淮水牛育肥性能　　　　　　　　　　　　　　单位：kg

性别	初测体重	终测体重	日增重
公	418.6±29.5	494.5±24.5	0.8±0.1
母	403.2±40.9	481.8±39.9	0.9±0.1

注：2022 年 7—10 月由安徽农业大学在安徽开牛农业科技股份有限公司测定公牛 10 头、母牛 11 头（舍饲）。

（三）屠宰性能

江淮水牛屠宰性能见表 4。

表4 江淮水牛屠宰性能

性别	屠宰月龄	宰前活重（kg）	胴体重（kg）	净肉重（kg）	骨重（kg）	眼肌面积（cm²）	屠宰率（%）	净肉率（%）	肋骨对数	肉骨比
公	66.4±3.1	485.2±26.5	237.6±13.0	190.5±9.7	46.2±4.4	73.4±1.5	49.0±0.5	39.3±0.4	13	4.2±0.3
母	67.8±2.1	510.9±19.5	244.8±9.7	193.3±7.0	50.4±3.1	71.5±1.3	47.9±0.3	37.9±0.2	13	3.9±0.1

注：2022年1月由安徽农业大学在安徽开牛农业科技股份有限公司测定成年公牛5头、母牛6头（舍饲）。

（四）肉品质

江淮水牛肉品质见表5。

表5 江淮水牛肉品质

性别	屠宰月龄	肉色			肌肉大理石纹评分	脂肪颜色评分	剪切力（N）	pH		肌肉系水力（%）	
		a	b	L				pH$_{1h}$	pH$_{24h}$	滴水损失法	加压法
公	63.4±2.3	11.7±2.0	6.8±0.6	27.1±3.0	1.0±0.0	2.0±0.0	51.94±1.96	6.6±0.2	6.3±0.1	3.3±0.2	3.4±0.2
母	68.8±2.2	10.1±0.6	7.1±0.6	28.6±2.0	1.0±0.0	2.0±0.0	57.82±2.94	6.6±0.2	6.3±0.1	3.4±0.1	3.3±0.2

注：2022年1月由安徽农业大学在安徽开牛农业科技股份有限公司测定成年公、母牛各5头（舍饲）。

（五）繁殖性能

江淮水牛母牛12～18月龄性成熟，常年发情，发情持续期2～3d，发情周期20～23d，初配年龄22～26月龄，妊娠期298～330d，产犊间隔460～560d。

公牛初配年龄28～32月龄。自然交配，公母比例一般为1∶20。

（六）役用性能

据《中国畜禽遗传资源志·牛志》（2011年版）记载，江淮水牛公牛每日可耕地0.53 hm²，母牛每日可耕地0.48 hm²。平均最大挽力公牛460.67kg，母牛383.33kg。

五、保护与利用

（一）保护情况

2011年江淮水牛被收录于《中国畜禽遗传资源志·牛志》；2020年、2021年被列入《国家畜禽遗传资源品种名录》；2016年、2023年被列入《安徽省省级畜禽遗传资源保护名录》。

1. 活体保护 2017年，安徽开牛农业科技股份有限公司被确定为省级江淮水牛保种场；2021年，六安市金安区双河镇大云岗江淮水牛养殖场被确定为省级江淮水牛保种场，并与安徽省农业农村厅、资源所在地县（区）级政府签订三方保种协议。

2021年，安徽开牛农业科技股份有限公司存栏江淮水牛核心群180头，其中种公牛30头，能繁母牛150头，8个家系。

2023年，六安市金安区双河镇大云岗江淮水牛养殖场存栏江淮水牛核心群127头，其中种公牛12头，能繁母牛115头，6个家系。

2.遗传材料保存 2023年，安徽省家畜基因库制作保存江淮水牛细管冻精3927剂、体细胞40份。

（二）开发利用

对江淮水牛的研究与应用较少。

江淮水牛群体

六、评价与展望

江淮水牛役用性能强，肉用性能好，繁殖性能较强，性情温驯，适应性强，容易饲养。缺点是前躯偏窄，后躯欠丰满，生长发育慢。今后可通过引进外来品种（摩拉水牛、尼里－拉菲水牛、地中海水牛）与江淮水牛进行杂交，提高产肉性能或产奶性能。

东流水牛

东流水牛（Dongliu buffalo），属役肉兼用型水牛地方品种。

一、一般情况

（一）产区及分布

东流水牛原产地为池州市、安庆市等沿江丘陵湖区，中心产区为东至县，主要分布于岳西县、桐城市、泾县，青阳县、太湖县、怀宁县、郎溪县等地有少量饲养。

（二）产区自然生态条件

东流水牛中心产区位于北纬 29°34′—30°30′、东经 116°39′—117°18′，地处长江中下游南岸，北濒长江，南依黄山、九华山，西北与江西省九江市交界，东南部群山叠翠，中部丘陵起伏，西北部平原沃野，地势南高北低，海拔 9.5～1 375.7m。产区属亚热带湿润季风气候，年平均气温 16.1℃，年最高气温 36℃，年最低气温 −16℃；年平均日照时数 1 705h；无霜期 223d；年平均降水量 1 554mm；年平均相对湿度为 80%。主要河流有黄湓河、尧渡河、龙泉河，湖泊有升金湖。土壤类型以红壤、黄棕壤、石灰土为主。植被丰富多样，森林覆盖率达 58.7%。主要农作物有水稻、油菜、玉米、甘薯、茶叶等。

二、品种来源与变化

（一）品种形成

安徽沿江丘陵湖区盛产水稻，人多地少，耕作精细，复种指数高，加之水田土质黏重，泥脚较深，耕作工具多为笨重的犁、耙、铁耖，需要挽力强大的牛。产区山丘湖场杂草丰盛，生长期长，一年四季均可放牧。为适应自然环境和役用要求，经过劳动人民的长期选育，逐渐形成了东流水牛品种。

1976 年 7 月在广东省湛江市召开的全国水牛改良育种协作会议上，经过大会讨论通过了东至县水牛以主产地（原东流县）定名为中国水牛亚种——"东流水牛"。

（二）群体数量及变化情况

1981 年，产区东流水牛存栏 2.6 万余头；2006 年，东流水牛存栏 5 万头左右；2021 年，东流水牛群体数量为 746 头，其中种公牛 105 头，能繁母牛 428 头。

（三）饲养管理

东流水牛性情较温驯，抗病力强，易管理。养殖户采用放牧、半舍饲的养殖方式。粗饲料为稻草、玉米秸、野生牧草等，精料为豆粕、菜籽粕、玉米、麸皮、棉粕等。

三、体型外貌特征

（一）外貌特征

东流水牛体型中等，体质结实而紧凑，骨骼粗壮，肌肉发达。前躯硕壮，后躯欠佳。全身被毛较稀，以青灰色为主，黑褐色次之，多数颈胸结合处有一条月牙形白色"颈带"，腹部、膝及飞节下端肤色较浅，腕及飞节以下内侧均有白毛；头长额平，公牛头较粗，母牛头清秀略长，面凹眼突，鼻镜宽广，嘴宽大；角呈半月形，公牛角粗而长，稍向外上弯曲，角基粗方，母牛角稍细短，向内上弯曲；颈肌肉发达，公牛颈粗短，母牛颈略细长，无颈垂、无胸垂、无脐垂。鬐甲高，稍显肩峰，胸深宽，前高后低。背宽直，腰短平，腹部圆大。前肢正直，后肢飞节略呈 X 状，骨骼粗大；尻较倾斜，尾粗短，尾长在飞节以上。蹄大而圆，蹄质坚硬，蹄壳黑色。

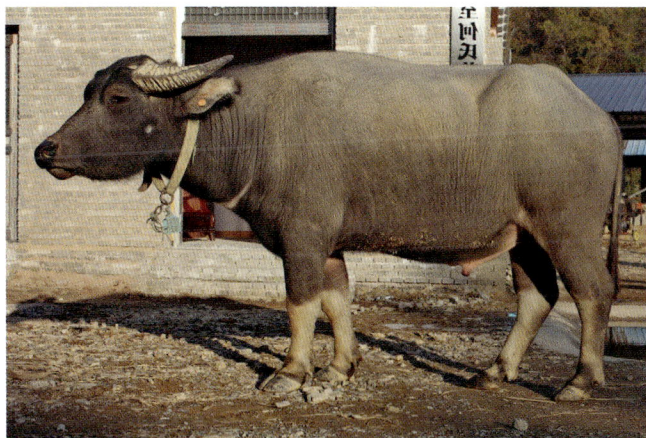

东流水牛公牛

东流水牛母牛

（二）体重和体尺

东流水牛成年体重和体尺见表 1。

表 1　东流水牛成年体重和体尺

性别	体重 （kg）	体高 （cm）	十字部高 （cm）	体斜长 （cm）	胸围 （cm）	管围 （cm）
公	447.0±69.8	130.7±5.0	128.5±6.8	143.3±10.9	190.4±8.4	24.3±2.3
母	441.0±76.5	127.5±10.2	127.0±9.9	141.2±10.8	192.0±12.6	23.0±2.3

注：2021 年 11 月至 2022 年 6 月由安徽科技学院在东至县官港何继春家庭农场、安庆市岳西县、宣城市泾县等地测定成年公牛 12 头、母牛 38 头（半舍饲）。

四、生产性能

（一）生长发育

东流水牛生长发育测定结果见表 2。

表 2　东流水牛生长发育　　　　　　　　　　　　　　　　单位：kg

性别	初生重	6月龄体重	12月龄体重	18月龄体重	30月龄体重
公	34.8±2.7	133.0±3.0	187.3±6.3	291.1±3.6	334.5±16.3
母	33.1±3.2	125.5±2.4	171.8±4.0	260.8±6.8	289.8±23.6

注：2020 年 6 月至 2022 年 12 月由安徽科技学院在东至县官港何继春家庭农场测定公牛 10 头、母牛 20 头（半舍饲）。

（二）屠宰性能

东流水牛屠宰性能见表 3。

表 3　东流水牛屠宰性能

性别	屠宰月龄	宰前活重 （kg）	胴体重 （kg）	净肉重 （kg）	骨重 （kg）	眼肌面积 （cm²）	屠宰率 （%）	净肉率 （%）	肉骨比 （%）
公	36.0±4.9	340.3±29.8	150.5±10.7	112.4±11.6	36.9±5.5	50.3±9.3	44.3±2.0	33.1±2.9	3.1±0.6
母	35.0±7.0	323.3±28.0	156.2±18.2	121.2±16.6	33.7±3.2	53.0±4.9	48.3±3.6	37.5±3.6	3.6±0.5

注：2022 年 12 月由安徽科技学院在东至县官港何继春家庭农场测定公牛 4 头、母牛 6 头（半舍饲）。

（三）肉品质

东流水牛肉品质见表 4。

表 4　东流水牛肉品质

| 性别 | 屠宰月龄 | 肉色 | | | 大理石纹评分 | 脂肪颜色评分 | 剪切力（N） | pH | | 肌肉系水力（%） | |
		a	b	L				pH$_{1h}$	pH$_{24h}$	滴水损失法	加压法
公	36.0±4.9	18.8±3.4	8.2±1.0	27.9±3.0	1.8±0.5	2.5±0.6	98.00±21.56	6.3±0.2	5.5±0.2	1.5±0.6	24.4±3.6
母	35.0±7.0	18.0±5.5	8.1±2.6	27.9±1.9	1.7±0.5	1.8±0.8	94.08±9.80	6.0±0.2	5.2±0.3	1.8±0.6	25.4±4.1

注：2022 年 12 月由安徽科技学院在东至县官港何继春家庭农场测定公牛 4 头、母牛 6 头（半舍饲）。

（四）繁殖性能

东流水牛母牛 18 ～ 21 月龄达性成熟，初配年龄 30 ～ 36 月龄，发情周期 18 ～ 22d，妊娠期 314 ～ 323d，产犊间隔 450 ～ 550d；公牛 25 ～ 28 月龄达性成熟，初配年龄 36 ～ 40 月龄，自然交配公母比例为 1 :（15 ～ 30），公牛利用年限 10 ～ 15 年。

（五）役用性能

最大挽力公牛为 340 ～ 440kg，母牛为 220 ～ 320kg，每日可耕地 0.13 ～ 0.27hm^2。

五 、保护与利用

（一）保护情况

1988 年东流水牛被收录于《中国牛品种志》；2004 年被收录于《中国家畜地方品种资源图谱》；2011 年被收录于《中国畜禽遗传资源志·牛志》；2021 年被列入《国家畜禽遗传资源品种名录》；2009 年、2016 年、2023 年被列入《安徽省省级畜禽遗传资源保护名录》。

1. 活体保护　2021 年，东至县农业农村主管部门在官渡镇何继春家庭农场建立临时保种群，并与安徽省农业农村厅、东至县人民政府签订东流水牛遗传资源三方保种协议。

2. 遗传材料保存　2023 年，安徽省家畜基因库制作保存东流水牛细管冻精 4 256 剂。

（二）开发利用

对东流水牛研究与应用较少。

东流水牛群体

六、评价与展望

东流水牛性情温驯，耐粗饲、耐高温、耐潮湿、抗病力强，役用性能好，利用年限长，但生长速度慢，产肉性能不高。东流水牛作为安徽水牛品种的宝贵资源，今后应加强保护。

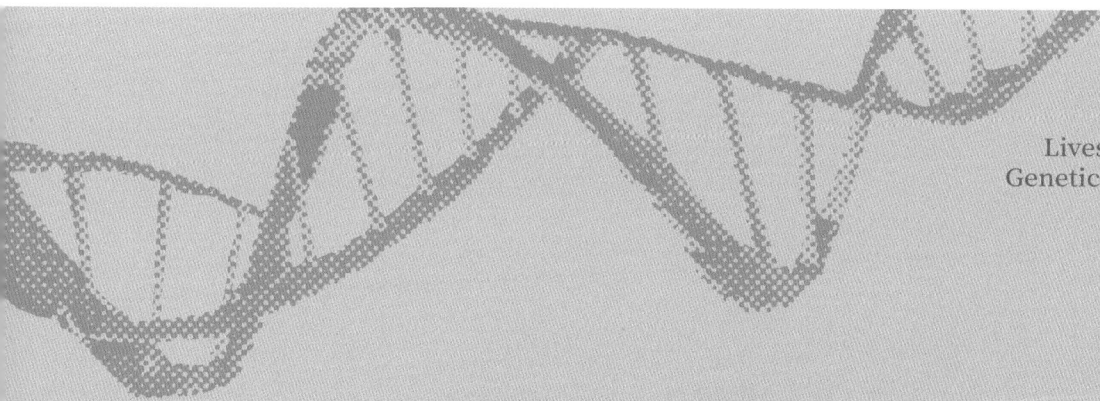

羊

概述

一、安徽省地方羊种质资源的溯源

羊是人类最早驯化的家畜之一，分为山羊和绵羊两大畜种。现代的绵、山羊都是由野生的绵羊和山羊经过人类长期驯化而来的，在不同的生态环境及定向选育的条件下，逐渐形成各种地方绵、山羊品种。

安徽省自古以来就有养羊的传统。从嘉山县泊岗引河工地出土的商代中期有羊头装饰的饕餮纹、青阳县庙前乡汪村出土西周时期绵羊造型的青铜羊尊等出土文物，表明安徽省在商周时期，不仅饲养山羊，也饲养绵羊。

二、安徽省地方羊种质资源的分类与分布

（一）安徽省地方羊种质资源的分类

安徽省地方羊品种有 3 个，绵羊有小尾寒羊，山羊有黄淮山羊和千秋山羊。

根据产品用途分类，黄淮山羊和千秋山羊属于肉皮兼用型地方品种，小尾寒羊属于毛肉裘兼用型地方品种。

（二）安徽省地方羊种质资源的分布

小尾寒羊主要分布于蚌埠市、宿州市、亳州市、淮北市、滁州市等地。黄淮山羊主要分布于六安市、亳州市、阜阳市、淮南市、宿州市、安庆市、合肥市、蚌埠市、铜陵市等地；千秋山羊主要分布于天长市、来安县等地。

三、安徽省地方羊种质资源状况

2021 年第三次全国畜禽遗传资源普查显示，安徽省三个地方羊种群体数量共 34 797 只。其中，黄淮山羊 23 128 只，千秋山羊 5 539 只，小尾寒羊 6 130 只。

四、安徽省地方羊种质资源的保护与利用

（一）安徽省地方羊种质资源的保护

为加强地方羊遗传资源保护，小尾寒羊和黄淮山羊均被列入《安徽省省级畜禽遗传资源保护名录》，并确定了小尾寒羊保种场 1 个，黄淮山羊保种场 7 个，千秋山羊临时保种场 1 个。2023 年年底，安徽省家畜基因库保存地方羊冻精 3 317 剂、体细胞 289 份、组织样 70 份、基因组总 DNA 样本 89 份。

（二）安徽省地方羊种质资源的开发利用

由于黄淮山羊个体小，产肉少，市场竞争力弱，目前主要是用于杂交改良。合肥博大牧业科技开发有限责任公司联合安徽农业大学等单位，以黄淮山羊为育种素材，通过引入萨能奶山羊和波尔山羊的血统，成功培育出肉用山羊新品种皖临白山羊，2022 年皖临白山羊通过国家畜禽遗传资源委员会审定。

黄淮山羊

黄淮山羊（Huanghuai goat），俗称安徽白山羊，属肉皮兼用型地方品种。

一、一般情况

（一）产区及分布

黄淮山羊原产地为黄淮平原，安徽省中心产区为六安市霍邱县、亳州市谯城区，主要分布于安徽省六安市、亳州市、阜阳市、淮南市、宿州市、安庆市、合肥市、蚌埠市、铜陵市及河南省、江苏省等地。

（二）产区自然生态条件

黄淮山羊安徽省中心产区位于北纬 30°41′—34°52′、东经 114°28′—119°36′，地处安徽北部及沿淮地区，地形地貌类型有平原、丘陵和山地，海拔 6 ~ 1 750m。产区属暖温带半湿润季风气候，年平均气温 13 ~ 16 ℃，年最高气温 41.2℃，年最低气温 −21.3℃；年平均日照时数 2 001 ~ 2 184h；无霜期 210 ~ 240d；年平均降水量 650 ~ 1 534.2mm；年平均相对湿度 76%。境内主要河流有淮河、淠河、史河、涡河等。土壤类型有棕土、褐土、紫色土、潮土、砂姜黑土、水稻土等。农作物主要有小麦、水稻、玉米、大豆、花生和甘薯等。

（三）饲养管理

黄淮山羊饲养方式为舍饲和半舍饲。精料以豆粕、玉米、麸皮为主。粗饲料以农作物秸秆为主，辅以青绿饲料。

二、品种来源与变化

（一）品种形成

明弘治年间（1488—1505 年）的《宿州志》、正德年间（1506—1521 年）的《颍州志》中均有饲养山羊的文字记载。清乾隆时期（1736—1795 年）的《亳州志》中对山羊毛皮作了评价："猾子皮毛直色白"。安徽淮北平原及沿淮地区是重要的粮食产区，有丰富的农副产品及秸秆资源，加之这一地区的农民素有养羊习惯，经过长期选育，逐步形成了对当地饲料资源和生态环境具有良好适应性、繁殖率高、肉和板皮质量上乘的地方优良品种。

民国三年（1914年）《安徽省志》记载："董子云：羊，祥也，故吉利用之，皖产以淮北为多，有白、黑、褐三色，有吴羊绵羊二种，吴羊头身相等而毛短，颌下有须，其尾为鹿，其角大小长短不一，有直者曲者，有向前者向后者"。其中所记载的"吴羊"为现今的黄淮山羊。

（二）群体数量及变化情况

1980年，黄淮山羊存栏量248万余只；2005年存栏量240万余只；2009年存栏量237万余只，其中种公羊2万余只，能繁母羊71万余只；2021年，黄淮山羊群体数量23 128只，其中种公羊1 237只，能繁母羊10 424只。

三、体型外貌特征

（一）外貌特征

黄淮山羊体型中等，呈长方形，体质结实，结构匀称、骨骼较细。被毛白色，毛短有丝光，绒毛少。皮肤为粉色或白色。头长清秀，眼大，鼻梁平直，下颌有髯。分有角和无角两个类型，有角者，公羊角粗大，母羊角细小，向上向后伸展呈镰刀状。耳小灵活，直立或平伸。颈部楔形，中等长。腰背平直，腰深而宽。尾短而上翘。蹄质坚硬，呈褐色或蜡黄色。公羊前躯高于后躯，睾丸发育良好；母羊乳房比较发达，呈半圆形。

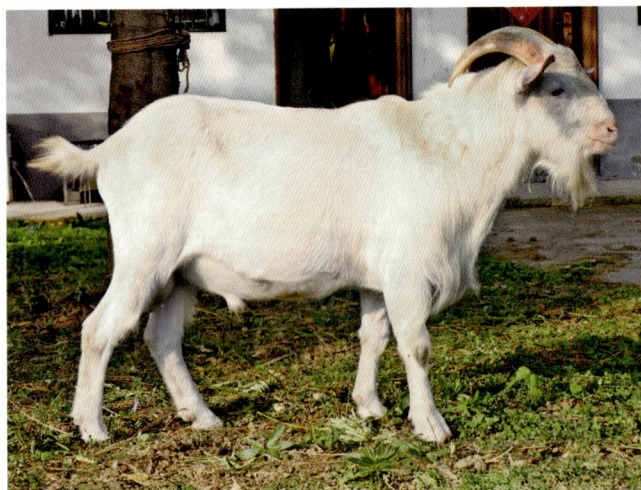

黄淮山羊公羊　　　　　　　　　　　黄淮山羊母羊

（二）体重和体尺

黄淮山羊12月龄体重和体尺见表1。

表 1　安徽白山羊 12 月龄体重和体尺

性别	体重 （kg）	体高 （cm）	体长 （cm）	胸围 （cm）	管围 （cm）
公	26.7±2.8	55.4±4.1	57.8±5.1	69.2±5.0	7.2±0.2
母	18.8±1.1	47.9±4.0	50.7±5.0	58.6±5.1	7.0±0.5

注：2022 年 6 月由安徽农业大学和安徽省农业科学院畜牧兽医研究所在太和县好好山羊养殖场测定 12 月龄公羊 20 只、母羊 61 只（舍饲）。

四、生产性能

（一）生长发育

黄淮山羊生长发育测定结果见表 2。

表 2　安徽白山羊生长发育　　　　　　　　　　　　　　单位：kg

性别	初生重	断奶重	6 月龄体重	12 月龄体重
公	1.8±0.3	6.5±1.0	15.0±3.1	26.7±2.8
母	1.7±0.2	6.2±1.1	10.9±1.3	18.8±1.1

注：2021 年 9 月至 2022 年 10 月由安徽农业大学和安徽省农业科学院畜牧兽医研究所在太和县好好山羊养殖场测定初生、断奶公、母羊各 61 只，6 月龄、12 月龄公羊 20 只、母羊 61 只（舍饲）。

（二）屠宰性能

黄淮山羊 6 月龄和 12 月龄公、母羊的屠宰性能见表 3。

表 3　黄淮山羊屠宰性能

月龄	性别	宰前活重 （kg）	胴体重 （kg）	净肉重 （kg）	屠宰率 （%）	净肉率 （%）	胴体净肉率 （%）	眼肌面积 （cm²）	GR 值 （mm）
6 月龄	公	15.0±3.1	7.5±1.2	5.7±1.2	50.4±4.3	38.2±2.9	76.0±4.4	9.0±1.7	5.8±1.6
	母	10.9±1.3	5.7±1.3	4.6±1.1	51.6±6.2	41.9±6.3	81.0±4.9	8.0±0.7	6.2±1.2
12 月龄	公	26.7±2.8	13.4±1.8	10.3±1.7	49.9±2.9	38.4±3.3	77.0±4.2	11.7±1.6	9.6±1.1
	母	18.8±1.1	9.2±1.1	6.8±0.9	48.9±3.7	35.7±3.3	73.1±4.1	8.0±1.3	7.1±1.5

注：2022 年 9 月由安徽农业大学和安徽省农业科学院畜牧兽医研究所在太和县好好山羊养殖场测定 6 月龄公、母羊各 10 只，12 月龄公、母羊各 15 只（舍饲）。

（三）肉品质

黄淮山羊 12 月龄公、母羊的胴体肌肉品质见表 4。

表 4　黄淮山羊肉品质

性别	肉色			pH	干物质（%）	蛋白质含量（%）	脂肪含量（%）	滴水损失（%）	熟肉率（%）	剪切力（N）
	a	b	L							
公	19.0±1.6	7.3±0.8	35.8±3.7	6.5±0.2	30.7±1.9	20.6±1.4	1.5±0.2	6.2±0.9	69.2±4.8	70.2±8.2
母	17.8±2.2	7.9±1.0	39.0±2.7	6.5±0.3	30.0±2.4	20.0±1.2	2.2±0.5	6.7±0.9	69.6±6.7	71.5±8.4

注：2022 年 12 月由安徽农业大学和安徽省农业科学院畜牧兽医研究所在太和县好好山羊养殖场测定 12 月龄公、母羊各 15 只（舍饲）。

（四）繁殖性能

黄淮山羊公、母羊 3 ～ 5 月龄达性成熟，初配年龄公羊 9 ～ 12 月龄、母羊 6 ～ 7 月龄。母羊四季发情，但以春、秋季发情较多，发情周期 18 ～ 20d，发情持续期 1 ～ 3d，妊娠期 145 ～ 155d；一年两胎或两年三胎，产羔率 230% ～ 300%。

（五）板皮品质

黄淮山羊板皮呈浅黄色和棕黄色，俗称"蜡黄板"或"豆茬板"，油润光亮，有黑豆花纹，板质致密，毛孔细小而均匀，板皮可分 6 ～ 7 层，分层多而不破碎，折叠无白痕，拉力强而柔软，韧性大且弹力强。

据 1983 年《畜禽品种志材料》记载，安徽白山羊板皮平均单张面积为 0.47 ㎡，平均单张皮重为 0.28kg。

五、保护与利用

（一）保护情况

1989 年，黄淮山羊被收录于《中国羊品种志》；2011 年被收录于《中国畜禽遗传资源志·羊志》；2021 年被列入《国家畜禽遗传资源品种名录》；2009 年、2016 年和 2023 年被列入《安徽省省级畜禽遗传资源保护名录》。

1. 活体保护　2021 年，合肥博大牧业科技开发有限责任公司、安徽绿墅牧业有限公司、安徽恒丰牧业有限公司、太和县好好山羊养殖场、寿县临淮畜牧养殖有限公司、六安市绿洁牧业有限公司和铜陵成贵牧业科技有限公司被确定为省级保种场，并与省农业农村厅、资源所在地县（区）级政府签订了三方保种协议。

2023 年，合肥博大牧业科技开发有限责任公司存栏核心群 290 只，其中种公羊 25 只，能繁母羊 265 只，7 个家系；安徽绿墅牧业有限公司存栏核心群 233 只，其中种公羊 25 只，能繁母羊 208 只，8 个家系；安徽恒丰牧业有限公司存栏核心群 284 只，其中种公羊 25 只，能繁母羊 259 只，8 个家系；太和县好好山羊养殖场存栏核心群 350 只，其中种公羊 50 只，能繁母羊 300 只，6 个家系；寿县临淮畜牧养殖有限公司存栏核心群 71 只，其中种公羊 7 只，能繁母羊 64 只，6 个家系；六安市绿洁牧业有限公司存栏核心群 375 只，其中种公羊 16 只，能繁母羊 359 只，8 个家系；铜陵成贵牧业科技有限公司存栏核心群 330 只，其中种公羊 30 只，能繁母羊 300 只，8 个家系。

2. 遗传材料保存 2023 年，安徽省家畜基因库采集保存黄淮山羊体细胞 79 份，基因组总 DNA 样本 89 份。

（二）开发利用

合肥博大牧业科技开发有限责任公司、安徽农业大学等单位，以黄淮山羊为育种素材培育出安徽省第一个肉用山羊新品种皖临白山羊。

安徽省发布了地方标准《安徽白山羊》（DB34/T 1958—2013）。相关企业注册了"黄岳""淝岸农庄""颐膳翠"等黄淮山羊产品商标。

黄淮山羊群体

六、评价与展望

黄淮山羊板皮品质优良、抗逆性强、性成熟早、繁殖力强、肉质好，但生长速度慢。今后应加强本品种选育和开发利用。

千秋山羊

千秋山羊（Qianqiu goat），又名天长土山羊，属肉皮兼用型山羊地方品种。

一、一般情况

（一）产区及分布

千秋山羊原产地为滁州市天长市，中心产区为滁州市天长市大通镇，主要分布于滁州市天长市、来安县等地。

（二）产区自然生态条件

千秋山羊原产地位于北纬 32°27—32°57′、东经 118°39—119°13′，地势西南高、东北低，高洼起伏、岗圩交错，海拔 4 ~ 100m。产区属北亚热带湿润季风气候，年平均气温 14.9℃，年最高气温 39℃，年最低气温 −10℃；年平均日照日数 2 097h；无霜期 210 ~ 220d；年平均降水量 850 ~ 1 000mm；年平均相对湿度 71%。主要河流有白塔河、铜龙河、杨村河和秦栏河等。土壤类型主要有水稻土、黄褐土、草甸土、潮土和石灰土。农作物主要有水稻、小麦、油菜和棉花等。

（三）饲养管理

千秋山羊饲养方式为舍饲和半舍饲。精料以豆粕、玉米、麸皮为主。粗饲料以农作物秸秆为主。青绿饲料以青贮饲料为主。

二、品种来源与变化

（一）品种形成

明嘉靖《天长县志》中记载："唐玄宗天宝元年（742 年）设立千秋县（现天长市），并建有羔羊厂草场养羊，推行羊皮课税和举办羊祭活动。"；据史料记载："明代洪武年间天长县在大通镇推行军队卫所养羊，清康熙年间昭武将军杨捷晚年在天长草庙山牧羊。"2002 年，天长市三角圩西汉墓葬出土 1 件陶器山羊，微微抬头静立，两锥状角，两耳紧贴角上，长条形身体，短尾下垂，形似千秋山羊。

天长市自古就有饲养山羊的习惯，且有丰富的农副产品及秸秆资源，经过长期选育，逐步形成了适应当地饲料资源和生态环境的地方品种。20 世纪 70 年代，农业部门对当地山羊遗传资源进行调查，取名"天长土山羊",2010年将其命名为"千秋山羊"。2024年,国家畜禽遗传资源委员会鉴定千秋山羊为地方遗传资源。

(二) 群体数量及变化情况

2005年,千秋山羊存栏1.2万只。2021年,千秋山羊群体数量为5 539只。

三、体型外貌特征

(一) 外貌特征

千秋山羊体型中等偏大,呈长方形。被毛白色,毛密,皮肤灰白色;头大小适中,部分公羊额部有朵状长毛;颈背有直立长毛,颈粗短,无皱褶;鼻平直;胸宽深,背腰平直,后躯发育良好;四肢高,蹄质坚实,蹄呈浅黄色;尾短而上翘。成年公母羊均有须有角,公羊角粗大,角形主要有"对旋角""螺旋角"和"弓形角";母羊角小,向外上方伸展。

千秋山羊公羊　　　　　　　　　　千秋山羊母羊

(二) 体重和体尺

千秋山羊成年体重和体尺见表1。

表1　千秋山羊成年体重和体尺

性别	体重 (kg)	体斜长 (cm)	体高 (cm)	胸围 (cm)	管围 (cm)
公	60.3±5.0	80.2±4.7	74.4±3.2	92.4±3.8	10.5±0.7
母	44.4±3.2	70.8±4.6	68.6±4.5	84.5±4.7	8.3±0.4

注:2022年6月由安徽农业大学在安徽省天长市周氏羊业有限责任公司测定成年公羊20只、母羊60只(半舍饲)。

四、生产性能

（一）生长发育

千秋山羊生长发育测定结果见表2。

表2　千秋山羊生长发育

性别	初生重 （kg）	断奶重 （kg）	6月龄体重 （kg）	12月龄体重 （kg）	成年体重 （kg）
公	1.73±0.18	13.45±1.42	21.20±1.20	51.53±1.11	60.29±5.01
母	1.61±0.12	11.51±0.89	18.00±1.10	36.09±1.67	44.43±3.21

注：2021年6月至2022年7月由安徽农业大学在安徽省天长市周氏羊业有限责任公司测定初生公羊15只、母羊30只，断奶公羊15只、母羊30只，6月龄公羊45只、母羊118只，12月龄公、母羊各15只，成年公羊20只、母羊60只（半舍饲）。

（二）屠宰性能

千秋山羊屠宰性能见表3。

表3　千秋山羊屠宰性能

性别	宰前活重 （kg）	胴体重 （kg）	净肉重 （kg）	屠宰率 （%）	净肉率 （%）	胴体净肉率 （%）	眼肌面积 （cm²）	GR值 （mm）	背脂厚 （mm）
公	51.53±1.11	28.53±0.98	25.61±0.95	55.38±1.68	49.67±1.59	89.75±1.16	22.18±1.78	11.84±0.64	2.28±0.21
母	36.09±1.67	18.77±0.86	16.73±0.80	52.04±1.94	46.38±1.70	89.14±2.15	17.81±1.54	8.91±0.72	1.44±0.13

注：2022年6月由安徽农业大学在安徽省天长市周氏羊业有限责任公司测定12月龄公、母羊各15只（半舍饲）。

（三）肉品质

千秋山羊胴体肌肉品质见表4。

表4　千秋山羊胴体肌肉品质

性别	肉色			pH	滴水损失 （%）	熟肉率 （%）	剪切力 （N）	干物质 （%）	蛋白质含量 （%）	脂肪含量 （%）
	a	b	L							
公	16.16±1.35	6.76±0.54	35.45±1.36	6.62±0.20	5.64±0.42	69.30±3.67	65.94±3.12	24.52±1.22	20.55±0.86	5.33±0.48
母	18.85±1.28	7.87±0.42	39.47±1.55	6.63±0.19	7.09±0.37	67.12±4.46	65.49±3.17	24.49±2.71	19.29±1.16	5.94±0.33

注：2022年6月由安徽农业大学在安徽省天长市周氏羊业有限责任公司测定12月龄公、母羊各15只（半舍饲）。

（四）繁殖性能

千秋山羊公羊 5 ~ 7 月龄达性成熟，初配月龄为 10 ~ 12 月龄。母羊 4 ~ 5 月龄达性成熟，初配月龄为 6 ~ 8 月龄，妊娠期 148 ~ 152d，一年四季均可发情，平均产羔率 278.2%。

五、保护与利用

（一）保护情况

2021 年，滁州市将安徽省天长市周氏羊业有限责任公司确定为临时保种场。该保种场存栏千秋山羊保种群 480 只，其中种公羊 120 只，母羊 360 只，10 个家系。

（二）开发利用

2021 年，安徽农业大学动物科技学院联合安徽省天长市周氏羊业有限责任公司对千秋山羊开展了品系选育。

千秋山羊群体

六、评价与展望

千秋山羊适应性强，耐粗饲，繁殖力高，产肉性能良好。今后应加强选育，也可作为育种素材。

小尾寒羊

小尾寒羊（small-tailed han sheep），属粗毛型绵羊地方品种。

一、一般情况

（一）产区及分布

小尾寒羊原产地为黄淮流域的安徽省、山东省、河北省、江苏省及河南省一带。安徽省中心产区为宿州市和蚌埠市，主要分布于安徽省的亳州市、淮北市、滁州市及河北省、河南省、山东省、江苏省等地。

（二）产区自然生态条件

小尾寒羊安徽省中心产区位于北纬 32°57′—34°38′、东经 114°54′—118°12′。境内大部为平原，地势平坦，仅有少量岗、坡、洼地组成的丘陵，海拔 14.0 ~ 80.0m。产区属暖温带半温润气候，年平均气温 14.8℃，年最高气温 42.0℃，年最低气温 −21℃；年平均日照时数 2313h；无霜期 220 ~ 230d；年平均降水量 840mm；年平均相对湿度 60% ~ 75%。主要河流有老濉河、浍河、汴河、涡河等。土壤类型主要有沙质土壤、淤质土壤、砂姜黑土等。农作物主要有小麦、玉米、大豆、甘薯、棉花、花生、中药材等。

（三）饲养管理

小尾寒羊以舍饲为主，辅以放牧。精料以豆粕、玉米、麸皮为主；粗饲料以农作物秸秆为主；青绿饲料以青贮饲料为主。

二、品种来源与变化

（一）品种形成

据考证，小尾寒羊源于蒙古羊，随北方少数民族的迁徙进入中原，带到了黄淮流域。由于气候条件和饲料条件的改变，以及长期向肉用、裘用和喜斗（玩羊、抵羊）方向选育，逐渐形成的独特品种。民国三年（1914 年）《安徽省志》载："董子云：羊，祥也，故吉利用之，皖产以淮北为多，有白、黑、褐三色，有吴羊绵羊二种……"其中的绵羊即为小尾寒羊。《砀山县志》中有记载："建国前，群众习惯养本地羊，山羊以白山羊为主，绵羊以小尾寒羊为主。"起自西汉、盛于三国、流传至今的砀山"斗羊节"，说明安徽北部有悠久的小尾寒羊养殖史。

（二）群体数量及变化情况

2009 年，安徽省小尾寒羊存栏量 7.7 万余只，其中种公羊近千只，能繁母羊 3 万余只；2021 年，安徽省小尾寒羊群体数量 6 130 只，其中种公羊 237 只，能繁母羊 2 684 只。

三、体型外貌特征

（一）外貌特征

小尾寒羊体质结实，体型高大，结构匀称，骨骼坚实。被毛为白色，少数羊眼圈、耳尖、两颊或嘴角及四肢有黑褐色斑点。头清秀，鼻梁稍隆起，眼大有神，嘴宽面齐，耳大下垂。四肢高而粗壮有力，蹄质坚实。短脂尾，尾呈椭圆扇形，下端有纵沟，尾尖上翻。公羊有较大的三菱形螺旋状角，颈粗壮，前胸较宽深，鬐甲高，背腰平直，前后躯发育匀称。母羊半数有小角或角基，颈较长，胸部较深，腹部大而不下垂；乳房容积大，基部宽广，质地柔软，乳头大小适中。

小尾寒羊公羊

小尾寒羊母羊

（二）体重和体尺

小尾寒羊成年体重和体尺见表 1。

表 1　小尾寒羊成年体重和体尺

性别	体重（kg）	体高（cm）	体长（cm）	胸围（cm）	管围（cm）
公	101.79±5.98	86.55±6.63	88.00±5.38	99.68±9.64	10.50±0.03
母	47.83±2.83	74.67±1.93	76.76±2.59	84.47±0.83	10.47±0.04

注：2022 年 1 月由安徽科技学院在固镇县利民羊业养殖有限公司测定成年公羊 20 只、成年母羊 60 只（舍饲）。

四、生产性能

（一）生长发育

小尾寒羊生长发育测定结果见表 2。

表 2　小尾寒羊生长发育

性别	初生重 （kg）	断奶重 （kg）	6 月龄体重 （kg）	12 月龄体重 （kg）
公	5.47±0.57	21.57±2.39	49.09±12.66	101.79±5.98
母	4.96±0.61	19.51±1.28	31.56±2.68	47.83±2.83

注：2021 年 1 月至 2022 年 1 月由安徽科技学院在固镇县利民羊业养殖有限公司测定初生和断奶公、母羊各 60 只，6 月龄和 12 月龄公羊 20 只、母羊 60 只（舍饲）。

（二）屠宰性能

小尾寒羊屠宰性能见表 3。

表 3　小尾寒羊屠宰性能

性别	宰前活重 （kg）	胴体重 （kg）	净肉重 （kg）	屠宰率 （%）	净肉率（%）	胴体净肉率 （%）	眼肌面积 （cm²）	GR 值 （mm）	背脂厚 （mm）	尾重（g）
公	38.8±4.6	20.2±2.5	17.1±2.2	51.9±1.3	44.1±1.4	87.3±1.5	14.7±3.6	15.7±3.3	3.5±1.4	555.8±223.6
母	30.8±4.5	16.0±2.4	13.2±2.1	51.8±1.8	42.7±1.7	84.7±1.5	11.3±1.9	13.0±3.0	2.7±1.5	420.5±129.8

注：2022 年 1 月由安徽科技学院在固镇县利民羊业养殖有限公司测定 6 月龄公、母羊各 10 只（舍饲）。

（三）剪毛量和羊毛品质

年剪毛量公羊 2.7 ～ 4.5kg，母羊 1.8 ～ 2.5kg。

小尾寒羊的被毛属于异质毛，其中无髓毛占 67.1%，两型毛占 10.1%，有髓毛占 22.8%。

（四）繁殖性能

小尾寒羊性成熟早，公羊 6 ～ 8 月龄、母羊 5 ～ 7 月龄即达性成熟；初配月龄公羊为 12 ～ 18 月龄，母羊为 10 ～ 12 月龄。母羊常年发情，但以春、秋季较为集中，发情周期为 16 ～ 18d，妊娠期 145 ～ 155d；平均产羔率 267.1%。种羊利用年限 4 ～ 6 年。配种方式为本交时，种羊的公、母比例为 1：（25 ～ 30）。

五、保护与利用

（一）保护情况

1989年，小尾寒羊被收录于《中国羊品种志》；2011年被收录于《中国畜禽遗传资源志·羊志》；2000年被列入《国家畜禽品种保护名录》；2006年、2014年被列入《国家级畜禽遗传资源保护名录》；2020年、2021年小尾寒羊被列入《国家畜禽遗传资源品种名录》；2016年、2023年被列入《安徽省省级畜禽遗传资源保护名录》。

1.活体保护　2021年，固镇县利民羊业养殖有限公司被确定为省级小尾寒羊保种场，并与省农业农村厅、资源所在地县级政府签订了三方保种协议。

2023年该保种场存栏核心群280只，其中种公羊27只，种母羊253只，8个家系。

2.遗传材料保存　2023年，安徽省家畜基因库采集保存小尾寒羊细管冻精3 317剂、体细胞210份、组织样70份。

（二）开发利用

固镇县利民羊业养殖有限公司利用小尾寒羊多胎、多羔的特性作为母本，开展杂交利用。

小尾寒羊群体

六、评价与展望

小尾寒羊体格较大、早熟、繁殖力强、适应性强，今后应加强本品种选育和杂交利用。

驴

淮北灰驴

淮北灰驴（Huaibei gray donkey），属兼用型驴地方品种。

一、一般情况

（一）产区及分布

淮北灰驴原产地为淮河以北地区，包括淮北市、宿州市、亳州市和阜阳市。中心产区为淮北市濉溪县百善镇和宿州市泗县屏山镇，主要分布于淮北市、宿州市和亳州市。

（二）产区自然生态条件

淮北灰驴原产地位于北纬 32°24′—34°39′、东经 114°50′—118°10′，地处安徽省北部平原地区，地势由西北向东南倾斜，海拔 20～157m。产区属暖温带半湿润季风气候，年平均气温 14.5℃，年最高气温 41.1℃，年最低气温 −21.3℃；年平均日照时数 2 313h；无霜期 200～220d；年平均降水量 800～930mm；年平均相对湿度 68%。境内主要河流有老濉河、浍河、汴河、涡河等。土壤类型主要有砂姜黑土、潮土、黑色石灰土、红色石灰土和棕壤等。农作物主要有小麦、玉米、大豆、甘薯、花生等。

（三）饲养管理

淮北灰驴主要采用舍饲或半舍饲的养殖方式。粗饲料主要为农作物秸秆，适当补充精料、青饲料和青贮饲料。

二、品种来源与变化

（一）品种形成

据史料记载，我国驴种由西部中亚地区传入。汉宣帝（公元前 74 至 48 年）桓宽所著《盐铁论》中说："羸、驴、馲驼衔尾入塞。"反映了驴、驼入关盛况。到南北朝时，驴随各游牧民族向内地迁徙，由西向东而进入黄淮中下游地区，在各地逐渐适应、驯化、演变，形成了我国各地各具特色的驴品种。《魏书》中记载："有以马、驴、橐陀供驾耕挽。"说明在曹魏时期（220—266 年）已经将驴作为驾乘和农耕工具。1313 年我国古代农学家王桢所著《王桢农书》，曾印有数幅驴耕图，佐证了驴在当时的黄淮地区农业生产中已占有重要地位。淮北地区气候温暖、干燥，农业发达，农副产品丰富，物质及气候条件非常适合淮北灰驴的生存

繁衍。农耕时代，淮北灰驴在其主产区（淮北平原）是一种重要农业生产资料，拉磨、拉车、犁地和驮运等生产生活活动对该品种的形成起到了至关重要的推动作用；当地流传已久的民谣"小灰驴儿，白肚皮儿，粉鼻儿粉眼小黑蹄儿"，形象地描述了淮北灰驴的外貌特征。

（二）群体数量及变化情况

1981 年淮北灰驴存栏 31.73 万头；1985 年存栏 29.4 万头；1990 年存栏 21.8 万头；1995 年存栏 14 万头；2000 年存栏 3.7 万头；2006 年存栏 2 363 头，其中种公驴 128 头，能繁母驴 936 头；2021 年淮北灰驴群体数量 205 头，其中种公驴 24 头，能繁母驴 131 头，后备驴 50 头。

三、体型外貌特征

（一）外貌特征

淮北灰驴体小紧凑，皮薄毛细，轮廓明显，体质健壮结实，体长略大于体高，尻高略大于体高，呈前低后高状。被毛以灰色为主，具有背线和鹰膀，少量个体呈栗色或粉色；眼圈、鼻、嘴、腹部、四肢内上侧为粉白色；耳轮黑色暗章；部分个体四肢可见虎斑；前肢内侧有附蝉。头部清秀，面部平直，额宽稍突；耳中等大小、直立灵活；颈薄；鬐甲中等，胸窄，背腰平直，良腹，斜尻；尾中等长，尾毛稀疏而短。四肢细而干燥，关节坚实，蹄小圆而质坚。

幼驹出生时，全身长有浓密的绒毛，暗章明显；额部、面颊、耳内侧、背部、尻部均生长灰黑色长毛，8 ~ 9 月龄开始脱落。

淮北灰驴公驴

淮北灰驴母驴

（二）体重和体尺

淮北灰驴成年体重和体尺见表 1。

表 1　淮北灰驴成年体重和体尺

性别	体重 (kg)	体高 (cm)	体长 (cm)	胸围 (cm)	管围 (cm)	头长 (cm)	颈长 (cm)	胸宽 (cm)	胸深 (cm)	尻高 (cm)	尻长 (cm)	尻宽 (cm)
公	187.70 ±11.39	120.18 ±4.93	123.51 ±8.13	131.64 ±3.28	14.73 ±0.82	53.35 ±2.93	48.74 ±3.48	29.23 ±1.73	60.16 ±2.65	122.68 ±5.19	40.13 ±2.54	35.44 ±2.17
母	165.26 ±11.21	111.83 ±3.76	117.54 ±3.76	124.92 ±5.98	13.37 ±1.21	48.68 ±2.77	45.51 ±2.63	26.23 ±1.37	53.70 ±3.80	116.24 ±3.32	36.22 ±1.88	32.63 ±2.65

注：2022 年 6 月由安徽省农业科学院畜牧兽医研究所和山东聊城大学在淮北市振淮农牧科技专业合作社测定成年公驴 10 头、母驴 50 头（舍饲）。

四、生产性能

（一）生长发育

淮北灰驴生长发育测定结果见表 2。

表 2　淮北灰驴生长发育

性别	初生重 （kg）	6 月龄体重 （kg）	12 月龄体重 （kg）
公	23.66±1.85	98.69±11.91	145.50±11.70
母	22.10±2.43	92.53±5.00	137.23±9.09

注：2021 年 4 月至 2022 年 9 月由安徽省农业科学院畜牧兽医研究所和山东聊城大学在淮北市振淮农牧科技专业合作社测定公驴 11 头、母驴 20 头（舍饲）。

（二）屠宰性能

淮北灰驴屠宰性能见表 3。

表 3　淮北灰驴屠宰性能

性别	宰前活重 （kg）	胴体重 （kg）	净肉重 （kg）	屠宰率 （%）	骨重 （kg）	肉骨比	腹脂重 （kg）	脏器重 （kg）	皮重 （kg）
公	200.10±23.84	100.76±15.73	75.80±14.60	50.22±2.96	23.46±3.71	3.28±0.79	6.70+1.76	16.54±1.30	19.02±3.43
母	171.30±6.22	79.22±5.75	56.84±5.34	46.28±3.48	20.06±2.05	2.86±0.54	9.16±3.05	15.66±0.44	16.04±2.13

注：2022 年 6 月由安徽省农业科学院畜牧兽医研究所和聊城大学在淮北市振淮农牧科技专业合作社测定成年公驴 5 头、母驴 5 头（舍饲）。

（三）繁殖性能

淮北灰驴公驴 1 ～ 1.5 岁达性成熟，4 岁开始配种；母驴 1.5 ～ 2 岁达性成熟，2.5 ～ 3 岁开始配种。母

驴发情季节多集中于春、秋两季，发情周期 21 ～ 28d，发情持续期 5 ～ 6d，妊娠期 350 ～ 370d。公驴繁殖年限 10 ～ 12 年，母驴繁殖年限 13 ～ 15 年。自然交配，公母比例为 1 ∶（20 ～ 30）。

（四）役用性能

淮北灰驴成年驴的最大挽力，公驴 80 ～ 180kg，母驴 80 ～ 160kg。

五、保护与利用

（一）保护情况

1987 年，淮北灰驴被收录于《中国马驴品种志》；2011 年被收录于《中国畜禽遗传资源志·马驴驼志》；2021 年淮北灰驴被列入《国家畜禽遗传资源品种名录》；2009 年、2016 年和 2023 年被列入《安徽省省级畜禽遗传资源保护名录》。

1.活体保护　2015 年，淮北市振淮农牧科技专业合作社被确定为省级淮北灰驴保种场；2023 年该保种场存栏淮北灰驴 135 头，其中种公驴 12 头，能繁母驴 75 头，8 个家系。

2.遗传材料保存　2023 年，国家家畜基因库保存淮北灰驴细管冻精 5 289 剂；安徽省家畜基因库采集保存淮北灰驴细管冻精 4 832 剂，组织样 330 份。

（二）开发利用

安徽省发布了地方标准《淮北灰驴》（DB34/T 04—2023 替代皖 D/XM 04—87）、《淮北灰驴饲养管理技术规程》（DB34/T 3934—2021）。

淮北灰驴群体

六、评价与展望

　　淮北灰驴是小型兼用型地方品种，耐粗饲、适应性好、性情温驯、抗逆性强、易使役，但生长速度慢。
今后应加强品种保护。

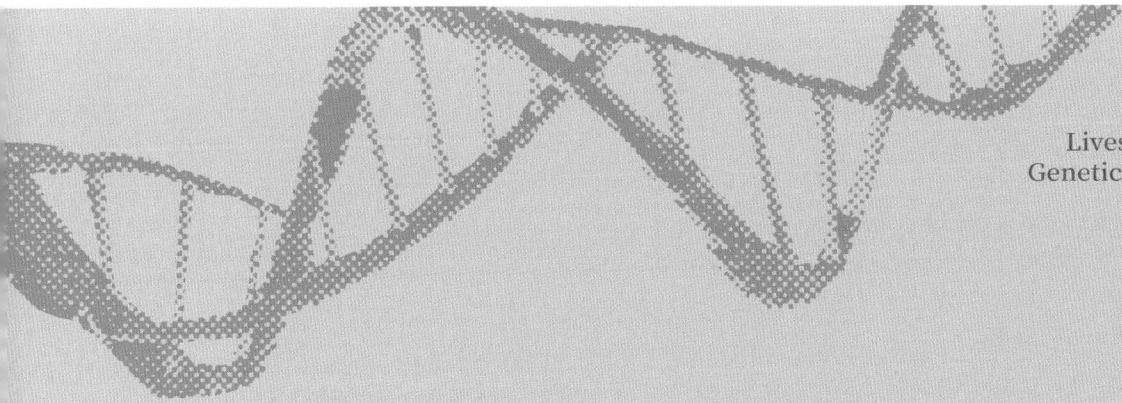

家

禽

概述

一、安徽省地方家禽资源的溯源

业界认为红色原鸡是现代家鸡的祖先。全新世早中期，安徽省江淮丘陵地带的淮南大尾山、和县龙潭洞穴堆集内，发现石鸡、马鸡；定远县侯家寨遗址出土新石器时代的鸡型陶器，外形酷似母鸡，体态丰满，翅小腿粗，已经完全脱离了野鸡形态；宣城市博物馆藏有西晋时期"青瓷鸡首壶""青瓷鸡笼"。从安徽境内出土的家禽文物可以证明，早在数千年前就已饲养家鸡，经过长期的人工选择和自然选择，育成了不同体型、外貌和生产性能的地方鸡种。

我国家鸭是由现今河鸭属中的绿头鸭和斑嘴鸭的祖先驯养而来。从安徽省汉墓出土的鸭嘴器及各时代众多陶、瓷鸭模型中，可反映出在漫长的农耕社会中，养鸭已是农家的一项重要家庭副业。春秋战国时期《吴地志》记载："吴王筑城以养鸭，周围数十里。"安徽沿江平原，水网发达，水草丰盛，这一特殊的生态环境促成了养鸭业的发展和鸭品种的形成。

家鹅是由野生雁种驯化而来，除伊犁鹅起源于灰雁外，其他中国鹅资源都起源于鸿雁。安徽省在春秋至宋代的古墓中，发掘出众多的玉鹅和陶鹅艺术品，表明早在春秋以前安徽就已经开始饲养家鹅。公元前5世纪安徽省蒙城人庄周在其《庄子》一文中记述，我国民间最早捕雁驯鹅："命竖子杀雁而烹之。竖子曰：其一能鸣，其一不能鸣，请奚杀。主人曰：杀不能鸣者。"这里所说的雁已是家养的鹅了。明朝时期，庐州府的合肥、舒城、无为、六安，凤阳府的凤阳、天长、滁州、寿州，都是当时养殖鹅的重要地区，肥西高刘镇的白鹅一直是贡品，故有"贡鹅"之称。

二、安徽省地方家禽资源分类与分布

（一）安徽省地方家禽资源的分类

根据农业农村部公布的《国家畜禽遗传资源品种名录（2024年版）》，安徽省共有地方家禽品种12个，其中，鸡品种8个，分别为淮南麻黄鸡、淮北麻鸡、天长三黄鸡、皖北斗鸡、五华鸡、黄山黑鸡、祁门豆花鸡、皖南三黄鸡；鸭品种2个，分别为巢湖鸭和枞阳媒鸭；鹅品种2个，分别为皖西白鹅和雁鹅。

（二）安徽省地方家禽资源的分布

淮北麻鸡、淮南麻黄鸡、皖北斗鸡主要分布于淮北平原和江淮丘陵地区，包括亳州市、淮北市、宿州市、阜阳市、淮南市、合肥市及六安市部分区域；皖南三黄鸡主要分布于皖南山区，包括安庆市、宣城市、池州

市和铜陵市的全部或部分区域；天长三黄鸡主要分布于滁州市；五华鸡主要分布于芜湖市；黄山黑鸡、祁门豆花鸡主要分布于黄山市。

巢湖鸭主要分布于巢湖周边的庐江县、肥西县等地；枞阳媒鸭主要分布于沿江平原的铜陵市郊区、安庆市怀宁县等地。

历史上，皖西白鹅和雁鹅的产地相同，主要分布于大别山地区的六安市。由于消费习惯的改变和对羽色羽绒的需求偏好性，导致雁鹅主要分布区域已转移至宣城市的旌德县和郎溪县等地。

三、安徽省地方家禽资源状况

2021 年第三次全国畜禽遗传资源普查显示，安徽省地方家禽群体数量约 1 065.56 万只。其中，皖南三黄鸡 687.97 万只，淮南麻黄鸡 201.01 万只，五华鸡 75.31 万只，天长三黄鸡 20.02 万只，淮北麻鸡 12.16 万只，皖北斗鸡 0.53 万只，黄山黑鸡 9.09 万只，祁门豆花鸡 0.58 万只，巢湖鸭 11.05 万只，枞阳媒鸭 4.90 万只，皖西白鹅 41.87 万只，雁鹅 0.07 万只。

四、安徽省地方家禽资源的保护与利用

（一）安徽省地方家禽资源的保护

2023 年，第二次修订《安徽省省级畜禽遗传资源保护名录》，所有地方家禽品种均列入保护范围。截至 2024 年，安徽省共确定了 22 个省级家禽保种场。其中，安徽省皖西白鹅原种场有限公司、六安安皋养殖有限公司被确定为国家皖西白鹅保种场。安徽科技学院建立安徽省地方鹅种基因库，搜集、保存安徽省家禽地方品种遗传材料。

（二）安徽省地方家禽资源的开发利用

安徽家禽遗传资源利用包括两种形式：一是以地方家禽资源为素材，通过培育专门化品系形成配套系。2006—2024 年，安徽省培育出皖江黄鸡配套系、皖江麻鸡配套系、五星黄鸡配套系、凤达 1 号蛋鸡配套系、强英鸭新品种（配套系）和徽鲜鸡配套系，其中，皖江黄鸡配套系、徽鲜鸡配套系以皖南三黄鸡为育种素材。二是进行本品种选育和利用。目前，淮南麻黄鸡、淮北麻鸡、皖南三黄鸡、天长三黄鸡、五华鸡、黄山黑鸡、巢湖鸭、皖西白鹅等 8 个地方品种，通过选育和利用均已实现量产，其中老乡鸡集团以淮南麻黄鸡为食材，开设了 1 000 多家老乡鸡连锁快餐店，成为全国中式快餐第一品牌；巢湖鸭是"南京盐水鸭""无为板鸭"的主要原料；皖西白鹅是生产优质羽绒和制作"贡鹅""腊鹅"的原材料。

淮南麻黄鸡

淮南麻黄鸡（Huainan partridge chicken），俗称淮南鸡，属兼用型地方品种。

一、一般情况

（一）产区及分布

淮南麻黄鸡原产地为淮河以南丘陵地区，中心产区为六安市霍邱县、淮南市田家庵区、寿县等地。主要分布于淮南市八公山区、大通区、谢家集区、潘集区、凤台县，六安市金安区、裕安区、叶集区和舒城县等地。湖北省、吉林省、重庆市等地也有饲养。

（二）产地自然生态条件

淮南麻黄鸡原产地位于北纬 31°01′—33°01′、东经 115°22′—117°15′，境内岗丘起伏，田畈相间，平均海拔 34 ~ 82m。产区属亚热带季风和湿润气候，年平均气温 15.3℃，年最高气温 41.2℃，年最低气温 −11℃；年平均日照时数 1 745 ~ 2 226h；无霜期 200 ~ 236d；年平均 降水量 900 ~ 1 408mm；年平均相对湿度 71% ~ 73%。主要河流有淮河、淠河、浍河等。土壤类型主要有硅质黄棕壤和棕色石灰土。农作物主要有水稻、小麦、大豆、油菜、棉花、玉米和甘薯等。

（三）饲养管理

淮南麻黄鸡多采用放养与舍饲相结合的饲养模式。历史上，农户养鸡以放养为主，仅在早晚补饲少量谷物、糠麸等。目前，以规模化饲养为主，饲喂配合饲料。

二、品种来源与变化

（一）品种形成

淮南麻黄鸡饲养历史悠久，长期处于农家散养状态，是在特殊的生态环境和饲养条件下，经淮河流域劳动人民长期人工选育和自然驯化形成的优良地方品种。

（二）群体数量及变化情况

2007 年，中心产区淮南麻黄鸡群体数量 500 万只；2021 年，安徽省淮南麻黄鸡群体数量为 201.01 万只。

三、体型外貌特征

（一）外貌特征

淮南麻黄鸡体型中等，结构匀称。皮肤呈黄色或暗白色。喙短、略弯曲，呈铁青色。单冠直立，冠齿6～8个，冠后叶分叉。冠、肉垂、耳叶均呈红色。虹彩呈浅栗色。胫呈铁青色或靛青色。

公鸡胸深背宽，前躯发达，羽色多数为金红色，少数为金黄色，镰羽多带黑色而富青铜光泽，主尾羽大部为墨绿色，有光泽。

母鸡体躯丰满，羽色以麻黄色和黄色为主，少数为白色或黑色。尾型包括佛手状尾和直尾两种。

雏鸡绒毛以黄色为主，背部绒毛有灰色斑纹。

淮南麻黄鸡公鸡　　　　　　　　　　　　　　淮南麻黄鸡母鸡

（二）体重和体尺

淮南麻黄鸡成年体重和体尺见表1。

表1　淮南麻黄鸡成年体重和体尺

性别	体重(g)	体斜长(cm)	龙骨长(cm)	胸宽(cm)	胸深(cm)	胸角(°)	骨盆宽(cm)	胫长(cm)	胫围(cm)
公	1 916.5±130.5	21.93±0.89	11.21±0.91	7.82±0.83	10.16±1.06	69.57±4.84	7.05±0.52	9.49±0.60	4.53±0.36
母	1 532.7±189.2	19.21±1.02	10.21±0.90	6.98±0.48	9.94±0.41	67.53±6.60	7.06±0.43	8.37±0.43	3.71±0.26

注：2022年6月由安徽科技学院在安徽闻鸡生态农业科技有限公司测定300日龄公、母鸡各30只（笼养）。

四、生产性能

（一）生长发育

淮南麻黄鸡生长期不同周龄体重见表 2。

表 2　淮南麻黄鸡生长期不同周龄体重　　　　　　　　　　　单位：g

性别	出壳	2 周龄	4 周龄	6 周龄	8 周龄	10 周龄	13 周龄
公	27.9±2.5	98.0±3.1	238.7±8.9	347.8±39.4	573.6±71.9	770.6±85.4	1024.5±74.3
母		92.0±3.4	228.1±8.3	308.2±41.0	492.5±49.9	673.0±52.6	913.5±67.8

注：2022 年 3—7 月由安徽科技学院在安徽闻鸡生态农业科技有限公司测定出壳公、母混雏 100 只，其余周龄公、母鸡各 30 只（笼养）。

淮南麻黄鸡 120 日龄体重和体尺见表 3。

表 3　淮南麻黄鸡 120 日龄体重和体尺

性别	体重 (g)	体斜长 (cm)	龙骨长 (cm)	胸宽 (cm)	胸深 (cm)	胸角 (°)	骨盆宽 (cm)	胫长 (cm)	胫围 (cm)
公	1322.9±198.8	20.27±1.7	10.15±2.29	5.57±0.76	9.72±0.59	55.65±6.14	6.49±0.32	9.23±0.73	3.88±0.54
母	903.0±170.0	18.0±1.7	8.38±2.13	5.06±1.35	8.97±0.58	53.34±6.42	6.92±0.49	7.76±1.35	3.30±0.54

注：2022 年 1 月由淮南市农业科学研究院在安徽闻鸡生态农业科技有限公司测定 120 日龄公、母鸡各 30 只（笼养）。

（二）屠宰性能及肉品质

淮南麻黄鸡 120 日龄屠宰性能见表 4。

表 4　淮南麻黄鸡 120 日龄屠宰性能

性别	宰前活重 (g)	屠宰率 （%）	全净膛率 （%）	半净膛率 （%）	胸肌率 （%）	腿肌率 （%）	腹脂率 （%）
公	1322.9±198.8	84.74±6.70	56.24±8.45	70.31±8.85	13.43±1.77	21.39±3.41	0.29±0.30
母	903.0±170.0	83.33±9.31	56.05±8.63	69.60±8.98	14.58±3.06	20.00±1.59	0.81±0.86

注：2022 年 1 月由淮南市农业科学研究院在安徽闻鸡生态农业科技有限公司测定 120 日龄公、母鸡各 30 只（笼养）。

淮南麻黄鸡 120 日龄肉品质见表 5。

表 5　淮南麻黄鸡 120 日龄肉品质

| 性别 | 剪切力（N） | 滴水损失（%） | pH$_{45min}$ | 肉色 | | | 水分（%） | 粗蛋白（%） | 脂肪（%） | 灰分（%） |
				a	b	L				
公	27.74±10.88	8.38±3.68	6.45±0.11	15.44±1.87	16.99±1.90	62.39±3.49	69.58±5.50	23.01±3.64	3.17±1.56	2.51±1.22
母	29.53±13.01	9.72±6.86	6.54±0.17	13.76±3.44	15.74±3.12	62.08±2.95	69.87±2.34	21.03±3.97	1.21±0.46	2.19±1.06

注：2022 年 1 月由安徽科技学院在安徽闻鸡生态农业科技有限公司测定 120 日龄公、母鸡各 30 只（笼养）。

淮南麻黄鸡 300 日龄屠宰性能见表 6。

表 6　淮南麻黄鸡 300 日龄屠宰性能

性别	宰前活重（g）	屠宰率（%）	半净膛率（%）	全净膛率（%）	胸肌率（%）	腿肌率（%）	腹脂率（%）
公	1921.5±139.82	85.03±6.90	73.09±6.88	64.01±6.52	17.77±3.47	21.62±4.33	1.17±1.76
母	1522.0±191.1	90.33±3.42	75.37±5.05	61.75±4.27	15.05±1.63	19.37±2.09	7.25±2.99

注：2022 年 6 月由淮南市农业科学研究院在安徽闻鸡生态农业科技有限公司测定 300 日龄公、母鸡各 30 只（笼养）。

淮南麻黄鸡 300 日龄肉品质见表 7。

表 7　淮南麻黄鸡 300 日龄肉品质

| 性别 | 剪切力（N） | 滴水损失（%） | pH$_{45min}$ | 肉色 | | | 水分（%） | 蛋白质（%） | 脂肪（%） | 灰分（%） |
				a	b	L				
公	42.13±5.31	3.76±0.85	6.38±0.20	15.53±1.33	13.12±1.38	60.42±6.65	64.44±2.49	20.85±3.85	6.06±0.97	1.02±0.18
母	41.81±5.23	3.68±0.60	6.28±0.16	16.31±1.61	12.99±1.76	61.28±2.63	65.15±2.20	21.03±1.19	6.13±1.05	1.05±0.14

注：2022 年 6 月由安徽科技学院在安徽闻鸡生态农业科技有限公司测定 300 日龄公、母鸡各 30 只（笼养）。

（三）蛋品质

淮南麻黄鸡 300 日龄蛋品质见表 8。

表 8　淮南麻黄鸡 300 日龄蛋品质

蛋重（g）	蛋形指数	蛋壳强度（kg/cm²）	蛋壳厚度（mm）	蛋壳颜色	蛋白高度（mm）	哈氏单位	蛋黄比率（%）
51.4±4.3	1.30±0.05	3.86±0.59	0.31±0.03	浅褐色	4.9±0.8	70.65±8.36	30.72±2.07

注：2022 年 6 月由安徽科技学院在安徽闻鸡生态农业科技有限公司测定 300 日龄淮南麻黄鸡蛋样品 50 个（笼养）。

（四）繁殖性能

淮南麻黄鸡开产日龄平均 172 日龄，平均开产体重 1.5kg，平均蛋重 50.72g，66 周龄饲养日母鸡平均产蛋数 148 个。人工授精，公、母鸡配比一般为 1 : 28，种蛋受精率 92% ～ 94%，受精蛋孵化率 85% ～ 88%。母鸡就巢率 30%。

五、保护与利用

（一）保护情况

2011 年，淮南麻黄鸡被收录于《中国畜禽遗传资源志·家禽志》；2021 年被列入《国家畜禽遗传资源品种名录》；2009 年、2016 年、2023 年被列入《安徽省省级畜禽遗传资源保护名录》。

1981 年，合肥市长丰县吴山公社畜牧兽医站建立了淮南麻黄鸡保种场，种群数量 300 余只；1983 年，安徽省家畜品种改良站建立了保种群，种群数量 500 余只；2006 年，淮南市农业科学研究所建立了保种群，2008 年被安徽省农业委员会确定为淮南麻黄鸡原种场。

截至 2023 年年底，安徽省共确定 4 个省级淮南麻黄鸡保种场。其中，淮南市农业科学研究所存栏核心群公鸡 160 只，母鸡 960 只，建有 80 个家系；安徽兴牧畜禽有限公司存栏核心群公鸡 100 只，母鸡 1100 只，建有 60 个家系；霍邱县科瑞达禽业有限公司存栏核心群公鸡 120 只，母鸡 3 000 只，建有 120 个家系；安徽牧翔禽业有限公司存栏核心群公鸡 400 只，母鸡 1 200 只，建有 120 个家系。

（二）开发利用

2020 年，"淮南麻黄鸡"获国家农产品地理标志认证（AGI03159）；2021 年，获得首批安徽省 50 名有影响力的绿色食品区域公用品牌；2022 年获批国家级"名特优新"农产品。注册商标有"淮南王""村里转"等。

安徽省陆续发布了地方标准《淮南麻黄鸡》（DB34/T 885—2009）、《淮南麻黄鸡青年鸡饲养管理规程》（DB34/T 884—2009）、《淮南麻黄鸡商品公鸡放养技术规程》（DB34/T 2798—2021）。

淮南麻黄鸡群体

六、评价与展望

淮南麻黄鸡耐粗饲、抗逆性强、肉蛋品质好，但生长速度慢、饲料报酬低。淮南麻黄鸡可直接利用或作为优质鸡育种素材。

淮北麻鸡

淮北麻鸡（Huaibei partridge chicken），俗称符离鸡、宿县麻鸡，属兼用型地方品种。

一、一般情况

（一）产区及分布

淮北麻鸡原产地为淮北平原地区，中心产区为宿州市埇桥区，主要分布于宿州市的埇桥区、灵璧县及淮北市濉溪县。湖北省、重庆市、山东省、贵州省、吉林省等地也有饲养。

（二）产区自然生态条件

淮北麻鸡原产地位于北纬 33°18′—34°38′、东经 116°09′—118°10′，地处安徽省北部、淮北平原中部。境内地势平坦，海拔 20 ~ 310m。产区属温带半湿润季风气候，年平均气温 13 ~ 15℃，年最高气温 39℃，年最低气温 −11℃；年平均日照时数 2 400 ~ 2 500h；无霜期 200 ~ 220d；年平均降水量 800 ~ 930mm；年平均相对湿度 71% ~ 73%。境内主要河流有浍河、沱河、濉河、新汴河等。土壤类型主要有黑色石灰土、红色石灰土、潮土、棕壤、砂姜黑土等。农作物以小麦、玉米、甘薯、大豆、花生等旱粮为主。

（三）饲养管理

淮北麻鸡多采用舍饲与放养相结合的饲养模式。放养期间自由采食青草、草籽、昆虫等，早晚补饲谷物等。目前，以规模化饲养为主，饲喂配合饲料。

二、品种来源与变化

（一）品种形成

历史上，当地农民有从炕房以蛋换鸡的习惯，炕房选用小蛋孵鸡，农民以小蛋换鸡。当地流传有"黑一千，麻一万""一只公鸡跑三庄"的留种经验。经过长期选育和自然驯化，形成了个体小、紧凑结实、肉质风味佳的优良地方鸡品种。淮北麻鸡是制作符离集烧鸡的主要原料，从彭祖烹鸡术的发明到徐州狮子山汉墓出土的"古符离县贡鸡"，再到烧鸡大师韩景玉首创符离集烧鸡的佐料配方和卤制技术，其历史源远流长，并形成现代名牌产品。

（二）群体数量及变化情况

20 世纪 70 年代中后期淮北麻鸡年存栏量 80 万只；2008 年饲养量约 300 万只；2021 年，安徽省淮北麻鸡群体数量 12.16 万只。

三、体型外貌特征

（一）外貌特征

淮北麻鸡体型小而紧凑，羽毛丰满，体格匀称。头较小，少数为凤头。喙呈铁青色。单冠直立，冠齿 6 ~ 8 个。冠、耳、肉垂均呈红色，虹彩呈黄褐色。胫呈黑色。

公鸡羽毛呈黄色，尾羽、主翼羽呈黑色且具有青铜色光泽。母鸡羽毛呈麻黄色，尾羽、主翼羽呈黑色。

雏鸡绒毛呈淡黄色，有少量灰绒和黑绒脊背。

淮北麻鸡公鸡

淮北麻鸡母鸡

（二）体重和体尺

淮北麻鸡成年体重和体尺见表 1。

表 1　淮北麻鸡成年体重和体尺

性别	体重（g）	体斜长（cm）	胸宽（cm）	胸深（cm）	胸角（°）	龙骨长（cm）	骨盆宽（cm）	胫长（cm）	胫围（cm）
公	1765±120	24.4±1.0	7.1±0.4	11.5±0.7	50.8±3.1	11.8±0.6	6.7±0.4	9.3±0.5	4.2±0.2
母	1365±115	23.4±1.5	6.7±0.5	9.7±0.8	48.0±2.9	10.1±0.6	7.5±0.3	7.7±0.3	3.6±0.2

注：2022 年 6 月由安徽科技学院在宿州市国基禽业有限公司测定 300 日龄公、母鸡各 30 只（笼养）。

四、生产性能

（一）生长发育

淮北麻鸡生长期不同周龄体重见表 2。

表 2　淮北麻鸡生长期不同周龄体重　　　　　　　　　　单位：g

性别	出壳	2 周龄	4 周龄	6 周龄	8 周龄	10 周龄	13 周龄
公	30.5±2.4	100.5±12.3	208.6±21.8	338.6±60.4	477.1±45.1	583.2±57.5	797.0±82.0
母		73.4±11.1	148.9±12.0	241.0±43.8	362.2±51.5	505.2±48.6	687.7±77.4

注：2022年4—7月由安徽科技学院在宿州市国基禽业有限公司测定出壳公、母混雏100只，其余周龄公、母鸡各30只（笼养）。

（二）屠宰性能及肉品质

淮北麻鸡 120 日龄屠宰性能见表 3。

表 3　淮北麻鸡 120 日龄屠宰性能

性别	宰前活重（g）	屠宰率（%）	半净膛率（%）	全净膛率（%）	胸肌率（%）	腿肌率（%）	腹脂率（%）
公	1062.5±99.2	88.5±1.6	78.8±2.0	65.2±1.7	6.7±0.6	12.5±0.5	0.1±0.1
母	727.8±74.3	87.5±1.2	78.8±2.1	66.6±1.8	7.4±0.9	11.4±0.8	0.2±0.5

注：2022 年 8 月由安徽科技学院在宿州市国基禽业有限公司测定 120 日龄公、母鸡各 30 只（笼养）。

淮北麻鸡 120 日龄肉品质见表 4。

表 4　淮北麻鸡 120 日龄肉品质

性别	剪切力（N）	滴水损失（%）	pH_{45min}	肉色 a	肉色 b	肉色 L	水分（%）	蛋白质（%）	脂肪（%）	灰分（%）
公	26.0±12.1	7.8±3.1	6.2±0.1	13.8±2.5	13.4±1.4	60.4±3.4	74.3±1.3	21.0±2.7	2.0±0.6	1.5±0.3
母	13.4±8.1	7.8±3.4	6.3±0.1	11.0±1.6	14.4±1.9	61.4±2.7	74.3±0.9	20.2±2.7	1.9±0.2	1.4±0.5

注：2022 年 8 月由安徽科技学院在宿州市国基禽业有限公司测定 120 日龄公、母鸡各 30 只（笼养）。

淮北麻鸡 300 日龄屠宰性能见表 5。

表 5　淮北麻鸡 300 日龄屠宰性能

性别	宰前活重（g）	屠宰率（%）	半净膛率（%）	全净膛率（%）	胸肌率（%）	腿肌率（%）	腹脂率（%）
公	1615.0±126.7	89.0±1.6	80.7±2.3	68.4±2.2	13.3±1.7	27.0±2.3	1.5±1.5
母	1310.0±132.9	91.1±2.4	71.1±4.0	59.7±3.1	16.5±1.9	20.7±1.8	4.3±2.6

注：2022 年 6 月由安徽科技学院在宿州市国基禽业有限公司测定 300 日龄公、母鸡各 30 只（笼养）。

淮北麻鸡 300 日龄肉品质见表 6。

表 6　淮北麻鸡 300 日龄肉品质

性别	剪切力（N）	滴水损失（%）	pH$_{45min}$	肉色 a	肉色 b	肉色 L	水分（%）	蛋白质（%）	脂肪（%）	灰分（%）
公	29.9±10.7	5.5±1.5	6.4±0.1	15.4±1.9	13.6±1.8	58.3±4.1	67.5±2.8	22.1±1.1	2.5±0.7	1.6±0.9
母	30.2±17.6	4.4±1.6	6.2±0.1	11.1±1.5	14.4±1.7	59.3±3.5	67.4±2.6	23.4±1.0	3.1±0.6	1.7±0.7

注：2022 年 8 月由安徽科技学院在宿州市国基禽业有限公司测定 300 日龄公、母鸡各 30 只（笼养）。

（三）蛋品质

淮北麻鸡 300 日龄蛋品质指标见表 7。

表 7　淮北麻鸡 300 日龄蛋品质

蛋重（g）	蛋形指数	蛋壳强度（kg/cm²）	蛋壳厚度（mm）	蛋黄色泽（级）	蛋壳颜色	蛋白高度（mm）	哈氏单位	蛋黄重（g）	蛋黄比率（%）
45.1±2.7	1.31±0.11	4.1±0.8	0.3±0.1	5.4±0.7	粉色	3.2±0.8	57.0±8.9	14.9±1.2	33.0±1.7

注：2022 年 6 月由安徽科技学院在宿州市国基禽业有限公司测定 300 日龄淮北麻鸡蛋样品 101 个（笼养）。

（四）繁殖性能

淮北麻鸡开产日龄为 145 ～ 160 日龄，平均开产体重 1.0kg，蛋重 43 ～ 48g，66 周龄饲养日母鸡产蛋数 140 ～ 150 个。自然交配，公、母鸡配比为 1 :（12 ～ 15），种蛋受精率 93% ～ 94%，受精蛋孵化率 90% ～ 92%。母鸡就巢率 9%。

五、保护与利用

（一）保护情况

2011 年，淮北麻鸡被收录于《中国畜禽遗传资源志·家禽志》；2021 年被列入《国家畜禽遗传资源品种名录》；2009 年、2016 年和 2023 年被列入《安徽省省级畜禽遗传资源保护名录》。

宿州市国基禽业有限公司、濉溪县翔凤禽业有限责任公司分别在 2015 年、2021 年被确定为省级淮北麻鸡保种场，并与安徽省农业农村厅、资源所在地县（区）级政府签订了三方保种协议。2023 年年底，宿州市国基禽业有限公司存栏淮北麻鸡核心群公鸡 150 只，母鸡 1 350 只，建有 50 个家系；濉溪县翔凤禽业有限责任公司存栏淮北麻鸡核心群公鸡 110 只，母鸡 880 只，建有 50 个家系。

（二）开发利用

淮北麻鸡是制作符离集烧鸡的首选品种。符离集烧鸡在 1956 年入选为"中国名菜"，并被列入《中国名菜谱》，2005 年被认定为国家地理标志产品，2008 年被列入非物质文化遗产名录。2021 年，"淮北麻鸡"被认定为国家地理标志证明商标（43249679）。"淮北麻鸡"获 2024 年"皖美农品"区域公用品牌。现已形成了"符离集""徽香源""刘老二"等符离集烧鸡知名品牌。

安徽省陆续发布了地方标准《淮北麻鸡商品鸡饲养管理规程》（DB34/T 1283—2018）、《淮北麻鸡种鸡饲养管理规程》（DB34/T 1610—2018）、《淮北麻鸡》（DB34/T 1609—2018）。

淮北麻鸡群体

六、评价与展望

淮北麻鸡属兼用型小型麻鸡，性成熟早、耐粗抗逆、觅食力强、肉质好，但生长速度慢、饲料报酬率低、整齐度差。今后应加强选育，提高其生产性能。淮北麻鸡可直接利用或作为优质鸡育种素材。

天长三黄鸡

天长三黄鸡（Tianchang yellow chicken），俗称天长土鸡，属兼用型地方品种。

一、一般情况

（一）产区及分布

天长三黄鸡原产地为天长市，中心产区为天长市万寿镇、大通镇，主要分布于皖东高邮湖畔半岗半圩地区。新疆维吾尔自治区、重庆市、湖北省等地也有饲养。

（二）产区自然生态条件

天长三黄鸡原产地位于北纬 32°27′—32°57′、东经 118°39′—119°13′，境内地貌以丘陵为主，海拔 4 ～ 100m。产区属北亚热带湿润季风性气候，年平均气温 14.8℃，年最高气温 40℃，年最低气温 −10.1℃；年平均日照时数 1 973 ～ 2 097h；无霜期 210 ～ 220d；年平均降水量为 1 070mm；年平均相对湿度 71%。境内主要河流有白塔河、铜龙河、秦栏河等，主要湖泊有高邮湖、沂湖、洋湖等。土壤类型主要有沙壤土和黏土。农作物以水稻、玉米、小麦、大豆、甘薯、油菜、棉花、瓜果等为主。

（三）饲养管理

天长三黄鸡多采用舍饲与放养相结合的饲养模式。农户饲养以农副产品为主要饲料。规模养殖以自配饲料或购买配合饲料为主。

二、品种来源与变化

（一）品种形成

天长市养鸡历史悠久，明代嘉靖《天长县志》载："羽之类有鸡。"清代嘉庆《备修天长县志稿》载："鸡大者出秦栏，重可十斤，今此种亦稀。"天长三黄鸡因黄喙、黄脚、黄羽而得名，是当地人民经过长期选育和自然驯化而形成的肉蛋兼用型地方优良鸡种。2018 年，国家畜禽遗传资源委员会鉴定天长三黄鸡为地方遗传资源。

（二）群体数量及变化情况

20 世纪 80 年代，天长三黄鸡年出栏量为 20 万～ 50 万只；2015 年总存栏数 10 多万只；2021 年，安徽省天长三黄鸡群体数量为 20.02 万只。

三、体型外貌特征

（一）外貌特征

天长三黄鸡体型偏小，体质紧凑，具有黄喙、黄脚、黄羽"三黄"特征。头清秀，单冠直立，冠齿 5 ～ 7 个；冠、肉垂红色，耳叶红色；胫较细、皮肤黄白色。

公鸡梳羽、蓑羽呈金黄色或红棕色，翼羽金黄色，胸部和腹部羽毛浅黄色，镰羽褐黑色富有光泽。母鸡颈羽、鞍羽、背羽呈黄色或略带浅麻色点，翼羽黄色，胸部和腹部羽毛浅黄色，尾羽麻黄色或褐色。

雏鸡羽毛浅黄色，背部有少许麻色带纹。

天长三黄鸡公鸡　　　　　　　　　　　　　　天长三黄鸡母鸡

（二）体重和体尺

天长三黄鸡成年体重和体尺见表 1。

表 1　天长三黄鸡成年体重和体尺

性别	体重（g）	体斜长（cm）	龙骨长（cm）	胸宽（cm）	胸深（cm）	胸角（°）	骨盆宽（cm）	胫长（cm）	胫围（cm）
公	1542.9±155.7	19.4±0.9	11.5±0.7	5.2±0.4	8.3±0.3	66.5±0.7	6.6±0.3	9.3±0.5	3.9±0.2
母	1228.8±100.2	17.3±0.7	10.0±1.1	4.8±0.3	7.3±0.3	62.6±0.9	6.4±0.3	7.8±0.3	3.2±0.2

注：2022 年 6 月由安徽农业大学在天长市金羽禽业有限公司测定 300 日龄公鸡 31 只、母鸡 33 只（笼养）。

安徽畜禽遗传资源志　Livestock and Poultry Genetic Resources In Anhui

四、生产性能

（一）生长发育

天长三黄鸡生长期不同周龄体重见表2。

表2　天长三黄鸡生长期不同周龄体重　　　　　　　　单位：g

性别	出壳	2周龄	4周龄	6周龄	8周龄	10周龄	13周龄
公	33.4±1.4	95.2±4.0	199.4±10.4	324.9±20.0	452.6±17.5	633.5±34.0	876.7±54.9
母		97.8±4.0	196.8±10.7	318.5±21.7	390.7±21.0	507.4±39.7	697.6±47.8

注：2022年3—6月由安徽农业大学在天长市金羽禽业有限公司测定出壳公、母混雏100只，其余周龄公、母鸡各59只（笼养）。

（二）屠宰性能及肉品质

天长三黄鸡120日龄屠宰性能见表3。

表3　天长三黄鸡120日龄屠宰性能

性别	宰前活重（g）	屠宰率（%）	全净膛率（%）	半净膛率（%）	胸肌率（%）	腿肌率（%）	腹脂率（%）
公	1205.5±131.5	88.9±1.6	66.4±2.0	77.1±2.1	14.1±1.8	17.6±2.2	1.7±0.7
母	901.0±107.6	88.8±1.5	61.6±3.2	74.9±2.6	13.8±1.7	17.4±2.1	2.3±0.6

注：2022年6月由安徽农业大学在天长市金羽禽业有限公司测定120日龄公、母鸡各30只（笼养）。

天长三黄鸡120日龄肉品质见表4。

表4　天长三黄鸡120日龄肉品质

性别	剪切力（N）	滴水损失（%）	蒸煮损失（%）	pH_{45min}	干物质（%）	蛋白质（%）	脂肪（%）
公	15.9±3.2	3.0±0.5	22.3±2.8	5.9±0.4	27.5±1.6	23.6±0.9	1.3±0.5
母	15.2±2.1	4.1±0.6	23.0±2.4	6.0±0.2	27.2±1.5	24.1±1.3	1.9±0.5

注：2022年6月由安徽农业大学在天长市金羽禽业有限公司测定120日龄公、母鸡各30只（笼养）。

天长三黄鸡300日龄屠宰性能见表5。

表5 天长三黄鸡300日龄屠宰性能

性别	宰前活重 （g）	屠宰率 （%）	半净膛率 （%）	全净膛率 （%）	胸肌率 （%）	腿肌率 （%）	腹脂率 （%）
公	1542.9±155.7	90.3±1.6	81.4±2.5	68.8±2.4	13.6±1.9	27.8±2.7	0.3±0.8
母	1236.6±102.9	91.3±2.2	72.6±2.7	58.4±2.4	15.7±2.7	20.0±1.9	6.1±3.0

注：2021年3月至2022年8月由安徽农业大学在天长市金羽禽业有限公司测定300日龄公鸡31只、母鸡33只（笼养）。

天长三黄鸡300日龄肉品质见表6。

表6 天长三黄鸡300日龄肉品质

| 性别 | 剪切力
（N） | 滴水损失
（%） | pH$_{45min}$ | 肉色 | | | 水分
（%） | 蛋白质
（%） | 脂肪
（%） | 灰分
（%） |
				a	b	L				
公	38.1±5.8	5.6±1.2	5.9±0.3	8.2±2.5	11.3±3.2	44.8±4.1	70.7±0.6	24.1±4.1	2.2±0.8	1.8±0.7
母	37.4±8.1	5.9±1.3	5.9±0.3	7.1±3.2	13.1±2.8	46.9±3.4	68.9±8.8	24.4±0.8	2.8±0.8	1.8±0.5

注：2021年3月至2022年8月由安徽农业大学在天长市金羽禽业有限公司测定300日龄公鸡31只、母鸡33只（笼养）。

（三）蛋品质

天长三黄鸡300日龄蛋品质见表7。

表7 天长三黄鸡300日龄蛋品质

蛋重 （g）	蛋形指数	蛋壳强度 （kg/cm²）	蛋壳厚度 （mm）	蛋黄色泽 （级）	蛋壳颜色	蛋白高度 （mm）	哈氏单位	蛋黄比率 （%）
50.2±1.5	1.3±0.1	3.8±0.6	0.4±0.1	9.5±0.9	浅褐色 （粉色）	4.1±0.5	69.1±5.8	31.0±1.2

注：2022年6月由安徽农业大学在天长市金羽禽业有限公司测定300日龄天长三黄鸡蛋样品150个（笼养）。

（四）繁殖性能

天长三黄鸡平均开产日龄为138日龄，平均开产体重1.21kg，300日龄平均蛋重50.2g，66周龄饲养日母鸡平均产蛋数156个。平均种蛋受精率93.2%，平均受精蛋孵化率93.8%。母鸡就巢率8%。

五、保护与利用

（一）保护情况

2021年，天长三黄鸡被收录于《中国畜禽遗传资源（2011—2020年）》；2021年，被列入《国家畜禽遗传资源品种名录》；2009 年、2016 年和 2023 年被列入《安徽省省级畜禽遗传资源保护名录》。

1. 活体保护　2015 年，天长市圣庆养殖场（现天长市金羽禽业有限公司）被确定为省级天长三黄鸡保种场，并与安徽省农业厅、资源所在地县级政府签订了三方保种协议。2023 年年底，天长市金羽禽业有限公司存栏核心群公鸡 220 只，母鸡 1 800 只，建有 80 个家系。

2. 遗传材料保存　2023 年，安徽省地方鹅种基因库保存天长三黄鸡体细胞 40 份。

（二）开发利用

2023 年天长三黄鸡获得农业农村部颁发的"特质农品"称号。相关企业注册了"皖羽"商标。

安徽省发布了地方标准《天长三黄鸡》（DB34/T 13—2021）、《天长三黄鸡商品代饲养管理技术规程》（DB34/T 4401—2023）。

天长三黄鸡群体

六、评价与展望

天长三黄鸡适应性强、耐粗饲、抗逆性强，蛋品质优良，肉质风味良好，但早期生长速度较慢。今后应对天长三黄鸡开展品系化选育，提升生产性能，提高饲养经济效益。天长三黄鸡可作为培育肉蛋兼用鸡种的亲本材料。

皖北斗鸡

皖北斗鸡（Wanbei game chicken），俗称亳州斗鸡，属于玩赏型地方品种。

一、一般情况

（一）产区及分布

皖北斗鸡原产地为亳州市，中心产区位于亳州市谯城区、阜阳市太和县，分布于淮北市濉溪县，亳州市涡阳县，阜阳市界首市，宿州市砀山县、泗县、萧县，蚌埠市淮上区等地。

（二）产区自然生态条件

皖北斗鸡原产地位于北纬 32°51′—35°05′、东经 115°53′—116°49′，地处华北平原南端，皖豫两省交界处，地势平坦，东部有龙山、石弓山等 10 余处石灰岩残丘分布，海拔 22 ~ 42.5m。产区属暖温带半湿润气候，年平均气温 14.7℃，年最高气温 40℃，年最低气温 −14℃；年平均日照时数 2 320h；无霜期 216d；年平均降水量 822mm；年平均相对湿度 71%。境内主要河流有涡河、北淝河、芡河等。土壤主要有砂姜黑土、潮土、棕壤和石灰土。农作物主要有小麦、大豆、玉米、甘薯、高粱、棉花、花生等。

（三）饲养管理

皖北斗鸡育雏育成期以小群饲养为主，成年斗鸡多为笼养，一般 1 公 1 母、1 公 2 母小圈饲养或 1 公 10 母大圈饲养。笼具一般要求高 1.8 ~ 2.0m，面积约有 4m² 或 28m²，使斗鸡有足够的空间活动，以利于其保持斗性。育雏育成期以配合饲料为主，成年鸡饲料以谷物为主，适当补充蛋白质饲料。

二、品种来源与变化

（一）品种形成

斗鸡是我国古老的鸡种，已有两千多年的历史，司马迁所著《史记》中有"斗鸡走狗"的记载。三国时期，亳州人曹植留有《斗鸡篇》："游目极妙伎，清听厌宫商。主人寂无为，终宾进乐方。长筵坐戏客，斗鸡观闲房。群雄正翕赫，双翘自飞扬。挥羽邀清风，悍目发朱光。觜落轻毛散，严距往往伤。长鸣入青云，扇翼独翱翔。愿蒙狸膏助，常得擅此场。"说明当时斗鸡风靡于官宦之家。至明清时期，亳州斗鸡盛行于民间，用于娱乐，每逢节假日人们聚集欣赏。农户以斗性强、斗技好的标准来选育种鸡，在斗鸡爱好者长期精心饲养和选择下，逐步形成了具有顽强斗性和较高斗技的皖北斗鸡。

（二）群体数量及变化情况

2008 年年底，皖北斗鸡产区饲养量约 2 万只。2021 年，安徽省皖北斗鸡群体数量为 5 335 只。

三、体型外貌特征

（一）外貌特征

皖北斗鸡体型紧凑，体格结实，羽毛薄，胸部发达。头小，呈半棱形，又称"鳝鱼头"；冠型有豆冠、玫瑰冠和核桃冠；冠、肉髯、耳叶红色；喙短粗，呈半弓形，有黄色、白色和黑色三种，黄色居多；颈粗而长；胫长而粗壮，呈黄色或灰色，以黄色居多，无胫羽，趾间距离宽。公鸡调教前皮肤白色，调教后红色；母鸡皮肤白色。

皖北斗鸡的毛色种类较多，但主色只有青、红、白三种。青色鸡如黑缎，黑而有光泽，绒毛为白色，公鸡带白纱尾，俗称"黑鸡、白绒、白纱尾"；母鸡头顶部有白色羽点，似雪花状，俗称"雪花顶"。红色鸡，公鸡颈羽、背羽呈红色，尾羽呈黑色或带白斑；母鸡羽色多为黄色或麻色，有的尾部全黑。白色鸡，全身毛色纯白。雏鸡绒毛呈灰白色、黑白色或浅黄色。

皖北斗鸡公鸡　　　　　　　　　　　　　　皖北斗鸡母鸡

（二）体重和体尺

皖北斗鸡成年体重和体尺见表 1。

表 1 皖北斗鸡成年体重和体尺

性别	体重 (g)	体斜长 （cm）	胸宽 (cm)	胸深 (cm)	龙骨长 （cm）	胸角 （°）	骨盆宽 （cm）	胫长 (cm)	胫围 （cm）
公	3018.9±290	25.1±1.3	10.4±0.6	12.9±0.8	14.3±0.8	86.4±11.8	9.6±1.5	12.3±1.2	5.8±0.6
母	2261.5±275	22.9±1.5	8.7±0.7	11.5±0.9	12.4±1.0	71.2±6.6	8.6±1.0	10.1±0.8	4.5±0.4

注：2021 年 12 月、2023 年 2 月由安徽科技学院在安徽省斗鸡农业科技有限公司测定 300 日龄公、母鸡各 30 只（舍内散养）。

四、生产性能

（一）生长发育

皖北斗鸡生长期不同周龄体重见表 2。

表 2 皖北斗鸡生长期不同周龄体重　　　　　　　　　　　　　　　　单位：g

性别	出壳	2 周龄	4 周龄	6 周龄	8 周龄	10 周龄	13 周龄
公	34.8±1.3	82.5±1.5	176.3±2.5	404.2±2.3	614.4±2.6	701.5±2.1	1005.3±2.3
母	34.7±1.4	81.3±1.7	174.9±1.9	396.2±4.1	607.1±2.6	693.3±1.7	994.9±2.4

注：2022 年 3—8 月由安徽科技学院在安徽省斗鸡农业科技有限公司测定公、母鸡各 30 只（舍内散养）。

（二）产肉性能

皖北斗鸡 300 日龄屠宰性能见表 3。

表 3 皖北斗鸡 300 日龄屠宰性能

性别	宰前活重 （g）	屠宰率 （%）	半净膛率 （%）	全净膛率 （%）	腿肌率 （%）	胸肌率 （%）	腹脂率 （%）
公	3019±290	89.9±1.6	83.8±3.2	71.5±4.9	28.4±2.9	16.0±2.7	0.7±1.0
母	2262±275	90.3±2.2	80.7±2.9	66.6±3.2	21.4±1.7	18.8±1.5	6.3±7.3

注：2021 年 12 月、2023 年 2 月由安徽科技学院在安徽省斗鸡农业科技有限公司测定公、母鸡各 30 只（舍内散养）。

皖北斗鸡 300 日龄肉品质见表 4。

表 4 皖北斗鸡 300 日龄肉品质

| 性别 | 剪切力
（N） | 滴水损失
（%） | pH_{45min} | 肉色 | | | 水分
（%） | 蛋白质
（%） | 脂肪
（%） | 灰分
（%） |
				a	b	L				
公	26.4±6.1	3.3±0.7	6.0±0.2	16.5±2.5	17.0±2.4	54.4±3.8	69.9±11.0	27.3±4.0	3.8±1.6	10.9±3.4
母	24.2±9.5	5.1±1.5	6.0±0.2	14.4±1.4	20.3±3.4	58.8±3.0	70.5±1.8	24.8±1.7	6.6±3.2	10.1±5.2

注：2021 年 12 月、2023 年 2 月由安徽科技学院在安徽省斗鸡农业科技有限公司测定公、母鸡各 30 只（舍内散养）。

（三）蛋品质

皖北斗鸡 280 日龄蛋品质测定结果见表 5。

表 5　皖北斗鸡 280 日龄蛋品质

蛋重（g）	蛋形指数	蛋壳强度（kg/cm²）	蛋壳厚度（mm）	蛋壳颜色	蛋白高度（mm）	哈氏单位	蛋黄比率（%）
54.0±4.0	1.3±0.1	4.1±1.0	0.3±0.0	浅褐色	3.9±1.0	59.5±11.7	31.4±1.4

注：2023 年 3 月由安徽科技学院在安徽省斗鸡农业科技有限公司测定种蛋 234 个（舍内散养）。

（四）繁殖性能

皖北斗鸡平均开产日龄为 240 日龄，平均蛋重 54g，年产蛋数 60 ~ 140 个。采用人工授精辅助自然交配，一般为自然孵化，受精蛋孵化率 90％以上。母鸡就巢性强。

五、保护与利用

（一）保护情况

2011 年，皖北斗鸡被收录于《中国畜禽遗传资源志·家禽志》；2021 年，被列入《国家畜禽遗传资源品种名录》；2009 年、2016 年和 2023 年被列入《安徽省省级畜禽遗传资源保护名录》。

安徽省斗鸡农业科技有限公司承担皖北斗鸡临时保种任务。2023 年，该公司存栏公鸡 107 只、母鸡 245 只。

（二）开发利用

尚未开展皖北斗鸡的系统选育，处于自繁自养状态。

皖北斗鸡打斗

六、评价与展望

　　皖北斗鸡具有耐寒耐热、抗逆性强、耐粗饲、斗性强等特性。今后应加强提纯复壮，亦可作为肉鸡育种素材。

五华鸡

五华鸡（Wuhua chicken），俗称平铺麻黄鸡，属兼用型地方品种。

一、一般情况

（一）产区及分布

五华鸡原产地为芜湖市繁昌区，中心产区为芜湖市繁昌区平铺镇、繁阳镇、峨山镇。主要分布于芜湖市繁昌区、南陵县、无为市、湾沚区等地。

（二）产区自然生态条件

五华鸡原产地位于北纬 30°37′—31°17′、东经 117°58′—118°22′，地处皖南北部、长江南岸，地形多样，山、圩、洲、滩兼有，地势西南高、东北低，海拔 7～477m。产区属北亚热带温润季风气候，年平均气温 15.3℃，年最高气温 40℃，年最低气温 −9℃；年平均日照时数 2 068h；无霜期 231d；年平均降水量 1 244mm；年平均相对湿度 74%。产区境内有五华山、浮山、红花山等。主要河流有长江、漳河、峨溪河、黄浒河等，水网密布。土壤类型主要有棕红壤、黄棕壤和水稻土等。农作物主要有水稻、油菜、棉花、小麦、玉米等。

（三）饲养管理

五华鸡采取舍饲与放养相结合的饲养方式，饲料以配合饲料为主。

二、品种来源与变化

（一）品种形成

五华鸡是经当地人民长期选择而形成的优良地方鸡遗传资源，据《繁昌县农牧渔业志》（1987 年）记载："20 世纪 50 年代前，本县饲养的鸡、鸭、鹅多是当地传统土种……但多数农家仍养土种鸡。"2009 年，国家畜禽遗传资源委员会鉴定五华鸡为地方遗传资源。

（二）群体数量及变化情况

1990 年五华鸡饲养量约 141 万只，2000 年约 159 万只，2005 年约 178 万只，2008 年约 186 万只。

2021 年，五华鸡群体数量为 75.31 万只。

三、体型外貌特征

（一）外貌特征

五华鸡体型中等，喙尖呈钩状，虹彩呈橘黄色，具有青喙、青胫、青爪"三青"特征；单冠，冠齿 5 ~ 7 个，冠、肉髯呈红色，耳叶红色带白斑；皮肤为白色。

成年公鸡胸深且略向前突出，呈马鞍形。羽毛紧密，颈羽金黄色，背羽和鞍羽多数金黄色、少数棕红色，胸羽和腹羽黄色，翼羽金黄色，尾羽上翘、呈黑色或金黄色。

成年母鸡体躯丰满，前躯紧凑，后躯圆大，呈楔形。颈羽金黄色，背羽和鞍羽多数黄色、少数金黄色或麻黄色，胸羽和腹羽浅黄色，翼羽黄色或麻黄色，尾羽黄色或麻黄色。

雏鸡绒毛浅黄色或灰色，少数个体头部有黑色斑点，背部绒毛带呈灰白色或灰褐色。

五华鸡公鸡

五华鸡母鸡

（二）体重和体尺

五华鸡成年体重和体尺见表 1。

表 1　五华鸡成年体重和体尺

性别	体重（g）	体斜长（cm）	龙骨长（cm）	胸宽（cm）	胸深（cm）	胸角（°）	骨盆宽（cm）	胫长（cm）	胫围（cm）
公	2028±209.5	21.6±0.8	11.7±0.6	7.4±0.4	9.8±0.4	58.4±2.5	7.6±0.3	9.0±0.4	4.3±0.2
母	1626±206.5	18.8±0.5	9.4±0.4	6.5±0.2	9.3±0.3	57.4±1.9	7.1±0.3	8.1±0.3	3.4±0.1

注：2022 年 5 月由安徽省农业科学院畜牧兽医研究所在芜湖市钟氏禽业有限责任公司测定 300 日龄公、母鸡各 30 只（笼养）。

安徽畜禽遗传资源志 ｜ Livestock and Poultry Genetic Resources In Anhui

四、生产性能

（一）生长发育

五华鸡生长期不同周龄体重见表2。

表2　五华鸡生长期不同周龄体重　　　　　　　　　　　　　　　　　　　　　单位：g

性别	出壳	2周龄	4周龄	6周龄	8周龄	10周龄	13周龄
公	34.5±3.2	108.9±7.2	227.1±19.1	394.0±31.4	584.6±50.8	810.2±66.3	1154.6±110.4
母	34.4±2.9	103.9±8.8	216.8±16.6	371.6±25.6	544.7±57.4	735.2±67.1	1007.5±94.0

注：2022年5—8月由安徽省农业科学院畜牧兽医研究所在芜湖市钟氏禽业有限责任公司测定公、母鸡各50只（笼养）。

（二）屠宰性能及肉品质

五华鸡120日龄屠宰性能见表3。

表3　五华鸡120日龄屠宰性能

性别	宰前活重(g)	屠宰率（%）	半净膛率（%）	全净膛率（%）	胸肌率（%）	腿肌率（%）	腹脂率（%）
公	1609.6±134	86.0±1.2	77.9±1.6	65.4±1.7	14.0±1.6	27.1±2.1	1.2±1.0
母	1172.4±105	86.0±1.4	77.8±1.5	65.1±2.0	15.8±1.5	24.5±1.6	3.3±2.1

注：2021年12月由安徽省农业科学院畜牧兽医研究所在芜湖市钟氏禽业有限责任公司测定120日龄公、母鸡各30只（笼养）。

五华鸡120日龄肉品质见表4。

表4　五华鸡120日龄肉品质

性别	剪切力(N)	滴水损失（%）	pH_{45min}	肉色			水分（%）	蛋白质（%）	脂肪（%）	灰分（%）
				a	b	L				
公	32.1±4.2	1.7±0.3	6.4±0.1	7.8±1.7	12.1±1.7	64.6±2.9	73.1±0.5	25.1±0.6	0.9±0.1	3.3±0.3
母	27.3±4.6	1.7±0.3	6.3±0.1	5.2±1.1	13.0±1.8	69.7±3.7	72.7±0.5	25.8±0.3	0.8±0.1	3.2±0.4

注：2021年12月由安徽省农业科学院畜牧兽医研究所在芜湖市钟氏禽业有限责任公司测定120日龄公、母鸡各30只（笼养）。

五华鸡300日龄屠宰性能见表5。

表 5　五华鸡 300 日龄屠宰性能

性别	宰前活重 （g）	屠宰率 （%）	半净膛率 （%）	全净膛率 （%）	胸肌率 （%）	腿肌率 （%）	腹脂率 （%）
公	2028±209.5	86.0±1.7	79.5±2.1	66.8±3.0	13.0±1.5	30.9±3.6	1.9±1.4
母	1626±206.5	89.9±1.7	75.5±3.0	60.8±1.9	13.4±1.8	22.7±1.0	8.3±3.6

注：2022 年 5 月由安徽省农业科学院畜牧兽医研究所在芜湖市钟氏禽业有限责任公司测定 300 日龄公、母鸡各 30 只（笼养）。

五华鸡 300 日龄肉品质见表 6。

表 6　五华鸡 300 日龄肉品质

性别	剪切力 （N）	滴水损失 （%）	pH$_{45min}$	肉色			水分 （%）	蛋白质 （%）	脂肪 （%）	灰分 （%）
				a	b	L				
公	46.2±5.5	1.7±0.4	6.6±0.3	10.7±3.2	11.7±4.3	61.5±6.0	71.4±0.5	26.7±1.4	0.7±0.1	3.5±0.1
母	37.0±5.4	1.6±0.3	6.3±0.3	5.6±1.4	12.4±3.6	63.2±6.3	70.9±0.6	26.0±0.3	1.2±0.2	3.6±0.1

注：2022 年 5 月由安徽省农业科学院畜牧兽医研究所在芜湖市钟氏禽业有限责任公司测定 300 日龄公、母鸡各 30 只（笼养）。

（三）蛋品质

五华鸡 300 日龄蛋品质见表 7。

表 7　五华鸡 300 日龄蛋品质

蛋重 （g）	蛋形指数	蛋壳强度 （kg/cm²）	蛋壳厚度 （mm）	蛋黄色泽 （级）	蛋壳颜色	蛋白高度 （mm）	哈氏单位	蛋黄比率 （%）
48.9±3.5	1.30±0.04	4.11±0.61	0.33±0.03	12.1±1.4	粉色	4.0±1.1	63.5±11.7	31.0±1.8

注：2022 年 5 月由安徽省农业科学院畜牧兽医研究所在芜湖市钟氏禽业有限责任公司测定 300 日龄蛋样品 150 个（笼养）。

（四）繁殖性能

五华鸡开产日龄平均 145 日龄，开产体重平均 1.3 kg，300 日龄平均蛋重 49g，66 周龄饲养日平均产蛋数 155 个。人工授精公母比例为 1∶6 时，平均种蛋受精率 92%，受精蛋孵化率 91%。母鸡就巢率 5%。

五、保护与利用

（一）保护情况

2011 年五华鸡被收录于《中国畜禽遗传资源志·家禽志》，2021 年被列入《国家畜禽遗传资源品种名录》，2009 年、2016 年和 2023 年被列入《安徽省省级畜禽遗传资源保护名录》。

2015 年、2021 年芜湖市钟氏禽业有限责任公司被确定为省级五华鸡保种场，并与安徽省农业农村厅、资源所在地县（区）级政府签订了三方保种协议。2023 年，该保种场存栏五华鸡核心群种公鸡 150 只、母鸡 2 200 只，建有 70 个家系。

（二）开发利用

2019 年以来，芜湖市将五华鸡养殖作为农业"五大特色产业"重点扶持。2023 年芜湖市繁昌区政府编制了《芜湖市繁昌区五华鸡产业发展规划》（2023—2027 年），建立了五华鸡产业园，加大对五华鸡种质资源科学保护和开发利用。2023 年"繁昌五华鸡"被收录于《全国名特优新农产品目录》（CAQS-MTYX-20230381）。相关企业注册"五华山平铺草鸡""五华山"等 2 个商标。

安徽省发布了地方标准《五华鸡》（DB34/T 1199—2010）、《五华鸡青年鸡饲养管理技术规程》（DB34/T 1200—2010）、《五华鸡产蛋鸡饲养管理技术规程》（DB34/T 1201—2010）。

五华鸡群体

六、评价与展望

五华鸡适应性强、耐粗饲、肉质细嫩、生长速度慢。今后应充分挖掘利用五华鸡优势性能等遗传基因，亦可将其作为育种素材。

黄山黑鸡

黄山黑鸡（Huangshan black chicken），属兼用型地方品种。

一、一般情况

（一）产区及分布

黄山黑鸡原产地为黄山市，中心产区为黄山市黟县柯村镇，主要分布于黄山市黟县、祁门县。

（二）产区自然生态条件

黄山黑鸡原产地位于北纬 29°24′—30°24′、东经 117°02′—118°55′，地处皖南山区，境内群峰参天，山丘屏列，岭谷交错，有深山、山谷，也有盆地、平原，平均海拔 659m。产区属亚热带湿润性季风气候，年平均气温 15.5 ～ 16.4℃，年最高气温 40.3℃，年最低气温 −13.5℃；年平均日照时数 1 750h；无霜期 236d；年平均降水量 1 395 ～ 1 702mm；年平均相对湿度 75%。境内主要河流为新安江。土壤类型大部分为黄壤和黄棕壤。农作物主要有水稻、油菜、茶叶、玉米和甘薯等。

（三）饲养管理

黄山黑鸡善于野外觅食，对饲料要求不高，适合山区放养或舍饲。舍饲一般饲喂全价玉米豆粕型饲粮，放养除自由觅食外，一般在早、晚补饲稻谷、玉米等原粮或全价饲料。

二、品种来源与变化

（一）品种形成

黄山黑鸡是当地群众经过长期选育形成的。同治年间的《黟县志》记载了黟县养鸡情况。1988 年的《黟县志》记载："鸡的品种按其毛色分为麻、黄、黑等，本地鸡一般体重 1.5—2 公斤，年产蛋 100—150 个"。在徽州饮食文化中，素有喜食黑色食品的习惯。冬令时节当地群众常有"斤鸡马蹄鳖"的食补习俗，其中的"斤鸡"指的就是刚开啼的黑鸡仔公鸡。民间还有用黑鸡治疗头晕头痛的偏方，这些对黄山黑鸡的形成起到了很大的作用。2009 年，国家畜禽遗传资源委员会鉴定黄山黑鸡为地方遗传资源。

安徽畜禽遗传资源志　Livestock and Poultry Genetic Resources In Anhui

（二）群体数量及变化情况

2008 年，黄山黑鸡存栏 7 000 余只；2021 年，黄山黑鸡群体数量为 9 万余只。

三、体型外貌特征

（一）外貌特征

黄山黑鸡体型中等偏小，体质结实，全身羽毛为黑色，肤色为白色。头部短圆；单冠，冠色鲜红，冠齿 5 ~ 7 个；虹彩为橙黄色；脸部、肉垂和耳叶均呈鲜红色。喙呈青黑色或青色。胫呈青黑色或青色，少数有胫羽。成年公鸡背部呈 U 形，成年母鸡体躯呈马鞍形。尾羽直立，腿部肌肉发达。

雏鸡绒毛背部为灰黑色，腹部为灰色或淡黄色。喙、胫、趾呈黑色或青色，少量趾尖呈浅黄色。

黄山黑鸡公鸡　　　　　　　　　　　　　　　　黄山黑鸡母鸡

（二）体重和体尺

黄山黑鸡成年体重和体尺见表 1。

表 1　黄山黑鸡成年体重和体尺

性别	体重 （g）	体斜长 （cm）	龙骨长 （cm）	胸宽 （cm）	胸深 （cm）	胸角 （°）	骨盆宽 （cm）	胫长 （cm）	胫围 （cm）
公	1695±220	19.1±2.7	11.2±0.9	7.3±0.7	10.5±1.0	58.1±2.0	6.5±0.9	9.1±0.6	4.3±0.3
母	1270±140	17.8±1.0	10.4±0.4	6.5±0.4	9.1±0.7	55.8±2.9	5.8±0.5	7.4±0.4	3.4±0.3

注：2022 年 3 月由安徽省农业科学院畜牧兽医研究所在安徽黟品黄山黑鸡保种有限公司测定 300 日龄公、母鸡各 30 只(舍饲)。

四、生产性能

（一）生长发育

黄山黑鸡生长期不同周龄体重见表 2。

表 2 黄山黑鸡生长期不同周龄体重　　　　　　　　　　　　　　　　　　　　　　　　　单位：g

性别	出壳	2 周龄	4 周龄	6 周龄	8 周龄	10 周龄	13 周龄
公	35.5±4.0	100.0±13.4	204.5±28.0	321.3±25.4	479.8±31.1	634.7±89.7	885.4±104.7
母		90.3±13.4	183.2±22.8	291.1±30.4	401.3±34.9	521.7±67.0	727.8±85.4

注：2022 年 4—8 月由安徽省农业科学院畜牧兽医研究所在安徽黟品黄山黑鸡保种有限公司测定出壳公、母混雏 100 只，其余周龄公、母鸡各 50 只（舍饲）。

（二）屠宰性能及肉品质

黄山黑鸡 120 日龄屠宰性能见表 3。

表 3 黄山黑鸡 120 日龄屠宰性能

性别	宰前活重（g）	屠宰率（%）	半净膛率（%）	全净膛率（%）	腿肌率（%）	胸肌率（%）	腹脂率（%）
公	1093.5±122.2	89.4±1.5	77.3±1.9	63.1±1.6	24.3±1.4	15.8±1.8	0
母	883.5±87.1	87.5±1.4	78.2±1.6	65.7±1.7	23.4±1.6	18.4±1.8	1.0±0.6

注：2022 年 8 月由安徽省农业科学院畜牧兽医研究所在安徽黟品黄山黑鸡保种有限公司测定 120 日龄公、母鸡各 30 只（舍饲）。

黄山黑鸡 120 日龄肉品质见表 4。

表 4 黄山黑鸡 120 日龄肉品质

性别	剪切力（N）	pH$_{45min}$	滴水损失（%）	肉色 a	肉色 b	肉色 L	蛋白质（%）	脂肪（%）	水分（%）	灰分（%）
公	28.8±6.6	6.5±0.3	1.4±0.4	3.2±1.3	7.5±2.0	80.9±6.1	23.9±0.5	0.3±0.1	73.1±1.1	3.6±0.5
母	24.6±5.3	6.4±0.3	1.5±0.5	3.7±1.4	11.0±2.3	83.6±6.0	24.5±0.4	0.2±0.1	72.4±0.5	3.7±0.3

注：2022 年 8 月由安徽省农业科学院畜牧兽医研究所在安徽黟品黄山黑鸡保种有限公司测定 120 日龄公、母鸡各 30 只（舍饲）。

黄山黑鸡 300 日龄屠宰性能见表 5。

表5 黄山黑鸡300日龄屠宰性能

表5 黄山黑鸡300日龄屠宰性能

性别	宰前活重（g）	屠宰率（%）	半净膛率（%）	全净膛率（%）	腿肌率（%）	胸肌率（%）	腹脂率（%）
公	1701.6±216.6	87.8±2.5	80.2±2.2	68.7±2.8	29.6±2.9	16.2±1.9	0.8±0.6
母	1273.7±139.7	89.8±4.0	75.3±4.9	62.6±4.5	24.6±3.5	19.0±3.7	4.9±2.3

注：2022年3月由安徽省农业科学院畜牧兽医研究所在安徽黟品黄山黑鸡保种有限公司测定300日龄公、母鸡各30只(舍饲)。

黄山黑鸡300日龄肉品质见表6。

表6 黄山黑鸡300日龄肉品质

性别	剪切力（N）	pH$_{45min}$	滴水损失（%）	肉色 a	肉色 b	肉色 L	蛋白质（%）	脂肪（%）	水分（%）	灰分（%）
公	75.7±19.3	6.3±0.3	2.2±0.9	9.2±1.6	16.5±2.3	70.9±7.7	26.0±0.3	0.4±0.0	71.8±0.4	3.4±0.2
母	36.0±8.0	6.7±0.2	1.9±0.5	10.7±1.8	20.5±3.1	72.6±7.1	26.4±0.2	0.7±0.1	70.9±0.5	3.4±0.2

注：2022年3月由安徽省农业科学院畜牧兽医研究所在安徽黟品黄山黑鸡保种有限公司测定300日龄公、母鸡各30只(舍饲)。

（三）蛋品质

黄山黑鸡蛋品质测定结果见表7。

表7 黄山黑鸡蛋品质

蛋重（g）	蛋形指数	蛋壳强度（kg/cm²）	蛋壳厚度（mm）	蛋壳颜色	蛋黄色泽（级）	哈氏单位	蛋黄比率（%）
51.3±4.1	1.31±0.05	4.0±0.7	0.33±0.03	粉色	8.3±1.2	66.7±12.9	31.2±2.5

注：2022年3月由安徽省农业科学院畜牧兽医研究所在安徽黟品黄山黑鸡保种有限公司测定300日龄黄山黑鸡蛋样品150个（舍饲）。

（四）繁殖性能

黄山黑鸡开产日龄为166～171日龄，300日龄蛋重51～53g，66周龄产蛋数170～177个。种蛋受精率92%～93%，受精蛋孵化率93%～94%。母鸡就巢率17%～22%。

五、保护与利用

（一）保护情况

2011年黄山黑鸡被收录于《中国畜禽遗传资源志·家禽志》；2021年被列入《国家畜禽遗传资源品种名录》；2009年、2016年和2023年被列入《安徽省省级畜禽遗传资源保护名录》。

2009 年，由黟县政府牵头在黟县柯村镇胡门村建立了黟县黄山黑鸡保种场；2015 年，黄山市黟县黄山黑鸡保种场被确定为省级黄山黑鸡保种场；2021 年，该场与安徽省农业农村厅、黟县人民政府签订了三方保种协议。

2023 年年底，黄山黑鸡核心群种公鸡 1 100 只、种母鸡 6 800 只，建有 40 个家系。

（二）开发利用

2019 年，黟县人民政府与安徽省农业科学院签订了包括黄山黑鸡在内的《"五黑产业"战略合作协议》，出台了《黟县"五黑"农业特色产业专项扶持资金奖励办法》等政策，鼓励黄山黑鸡养殖。成立了黄山黑鸡养殖合作社，建立了黄山黑鸡保护区、保种场、保种户的三级资源保护体系，注册了"黟山""黟品五黑"等品牌商标；2018 年，"黄山黑鸡"获国家农产品地理标志认证（AGI03159）。

国家市场监督管理总局、中国国家标准化管理委员会发布了国家标准《黄山黑鸡》（GB/T 37117—2018），安徽省发布了地方标准《黄山黑鸡饲养管理技术规程》(DB34/T 2112—2021)。

黄山黑鸡群体

六、评价与展望

黄山黑鸡抗逆性强，骨骼细致紧密，肉质细嫩，味道鲜美。今后在保证黄山黑鸡优良品质的前提下，应提升黄山黑鸡品牌知名度。

祁门豆花鸡

祁门豆花鸡（Qimen douhua chicken），俗称蚕豆花鸡、白花鸡、白鹇鸡，属兼用型地方品种。

一、一般情况

（一）产区及分布

祁门豆花鸡原产地为黄山市祁门县，中心产区为黄山市祁门县金字牌镇，分布于黄山市祁门县等地。

（二）产区自然生态条件

祁门豆花鸡原产地位于北纬 29°35′—30°08′、东经 117°12′—117°57′，地处黄山西麓，地势北高南低，东西两侧较高，中间较低，境内分为中山地貌和丘陵地貌，以低山丘陵为主，海拔 79 ~ 1 728 m。产区属亚热带湿润季风气候，年平均气温 16.1℃，最高气温 41.1℃，最低气温 −13.2℃；年平均日照时数 1 903.8 h；无霜期 240 d；年平均降水量 1 867.4mm；年平均相对湿度 70% ~ 85%。境内河流主要有阊江、秋浦河等。土壤类型主要有红壤、黄棕壤、紫壤。主要农作物有水稻、茶叶、油菜、玉米、大豆等。

（三）饲养管理

祁门豆花鸡多采用舍饲与放养相结合的饲养模式。放养期间自由采食青草、草籽、昆虫等，早晚补饲谷物等。

二、品种来源与变化

（一）品种形成

祁门县养鸡历史悠久。明永乐年间《祁阊志》、明万历年间《祁门县志》有养鸡记载，距今有近 600 年历史。据《祁门风俗》记载："丧葬出殡时，棺枢头部须缚一只白毛公鸡辟邪，方可起棺鸣炮赶鬼开道；女婿三十六岁那年，老丈人家要送白鸡给女婿吃，寓意'白过一年'，避灾祈福。"1983 年版《祁门县志》中记载："鸡以家庭放养为主，品种为土种黄鸡、麻鸡、蚕豆花鸡等。"所谓"蚕豆花鸡"，意指羽毛颜色像当地的一种豆科植物蚕豆开的花一样，即白羽梢上带有黑色斑纹，当地百姓又称之为"白花鸡"。2022 年，国家畜禽遗传资源委员会鉴定祁门豆花鸡为地方遗传资源。

（二）群体数量及变化情况

2015 年，祁门豆花鸡存栏量 2 430 只；2018 年，祁门豆花鸡存栏量 4 500 只；2021 年，祁门豆花鸡群体数量为 5 789 只。

三、体型外貌特征

（一）外貌特征

祁门豆花鸡全身大部分羽毛呈白色，颈羽、主翼羽、尾羽梢处带有黑色斑纹，少数鸡全身羽毛纯白色；喙短微弯，呈青色或浅青色；单冠，直立，冠齿 4 ~ 10 个，呈红色；肉髯及耳叶均为红色，少数鸡冠、肉髯和耳叶呈紫红色；虹彩呈橘黄色；皮肤呈白色或浅黄色；胫呈青色或浅青色。

成年公鸡体型中等而结实，颈羽下部呈黑白相间的花羽，主翼羽、镰羽长而宽；尾羽直立，富有墨绿光泽；腿部肌肉发达。

成年母鸡体型偏小而清秀，颈羽白色，末端呈黑白相间花羽，主翼羽白色夹杂黑色斑纹，少数母鸡背羽呈黑白花羽，腹部夹杂灰色羽毛，尾羽较短，呈黑白花色。

雏鸡绒毛呈白色或灰白色（极少浅黄色），部分头部和背部有若干条黑色绒毛带。

祁门豆花鸡公鸡　　　　　　　　　　祁门豆花鸡母鸡

（二）体重和体尺

祁门豆花鸡成年体重和体尺见表 1。

表1　祁门豆花鸡成年体重和体尺

性别	体重 (g)	体斜长 (cm)	胸深 (cm)	胸宽 (cm)	龙骨长 (cm)	胸角 (°)	骨盆宽 (cm)	胫长 (cm)	胫围 (cm)
公	1446.0±123.6	22.3±0.9	10.6±0.4	6.7±0.5	11.7±0.7	50.9±1.8	5.8±0.5	10.7±0.4	3.8±0.2
母	1214.5±114.4	19.8±0.8	9.4±0.5	6.1±0.4	10.5±0.6	51.3±1.6	5.2±0.5	8.9±0.4	3.3±0.2

注：2019年12月由安徽农业大学在黄山祥华生态养殖有限公司测定300日龄公、母鸡各30只（舍饲）。

四、生产性能

（一）生长发育

祁门豆花鸡不同周龄体重见表2。

表2　祁门豆花鸡不同周龄体重　　　　　　　　　　　　　　　　　　单位：g

性别	出壳	2周龄	4周龄	6周龄	8周龄	10周龄	12周龄	14周龄	16周龄	18周龄	20周龄
公	33.4±3.7	77.5±8.7	142.8±15.9	301.7±31.3	423.6±48.9	639.6±65.8	846.7±66.0	1004.2±113.2	1141.4±118.6	1194.7±115.6	1277.1±100.7
母	34.9±7.0	76.8±8.2	155.3±16.3	293.9±33.5	423.2±48.4	677.9±144.8	744.6±53.8	814.5±61.4	903.4±74.1	977.3±74.7	1097±73.3

注：2020年1—6月由安徽农业大学在黄山祥华生态养殖有限公司测定公、母鸡各60只（舍饲）。

（二）屠宰性能及肉品质

祁门豆花鸡120日龄屠宰性能见表3。

表3　祁门豆花鸡120日龄屠宰性能

性别	宰前活重 （g）	屠宰率 （%）	半净膛率 （%）	全净膛率 （%）	胸肌率 （%）	腿肌率 （%）	腹脂率 （%）
公	1056.0±112.1	89.5±1.4	78.7±1.6	65.3±1.5	16.7±1.7	24.2±1.9	0
母	879.8±66.8	88.4±0.9	78.8±1.6	66.7±1.8	19.4±1.6	23.8±2.2	0

注：2020年5月由安徽农业大学在黄山祥华生态养殖有限公司测定120日龄公、母鸡各30只（舍饲）。

祁门豆花鸡120日龄肉品质见表4。

表4　祁门豆花鸡120日龄肉品质

性别	剪切力 （N）	pH_{45min}	蒸煮损失 （%）	肉色			熟肉率 （%）	肌内脂肪 （%）
				a	b	L		
公	28.80±12.3	5.77±0.10	20.32±2.81	3.20±1.28	7.78±1.65	42.62±2.56	79.33±2.34	1.92±0.79
母	25.70±11.3	5.70±0.11	20.94±1.71	2.07±0.69	8.03±1.67	42.35±3.17	79.86±2.56	2.09±0.92

注：2020年5月由安徽农业大学在黄山祥华生态养殖有限公司测定120日龄公、母鸡各30只（舍饲）。

祁门豆花鸡 300 日龄屠宰性能见表 5。

表 5　祁门豆花鸡 300 日龄屠宰性能

性别	宰前活重 （g）	屠宰率 （%）	半净膛率 （%）	全净膛率 （%）	胸肌率 （%）	腿肌率 （%）	腹脂率 （%）
公	1446.0±123.6	87.6±1.7	76.5±9.4	66.3±2.6	18.5±1.7	27.4±2.4	≤ 0.1
母	1214.5±114.4	90.4±3.6	74.3±7.9	62.0±7.3	20.7±2.2	24.4±2.5	2.82±0.0

注：2019 年 12 月由安徽农业大学在黄山祥华生态养殖有限公司测定 300 日龄公、母鸡各 30 只（舍饲）。

祁门豆花鸡 300 日龄肉品质见表 6。

表 6　祁门豆花鸡 300 日龄肉品质

性别	剪切力 (N)	pH_{45min}	滴水损失 （%）	肉色 a	肉色 b	肉色 L	熟肉率 （%）	肌内脂肪 （%）
公	24.8±11.7	6.00±0.09	21.1±5.9	2.03±1.41	11.51±1.78	44.49±2.92	73.73±7.44	1.10±0.13
母	28.2±14.5	5.99±0.10	22.0±7.1	1.75±1.41	11.02±1.79	45.67±3.59	74.07±7.92	1.05±0.14

注：2019 年 12 月由安徽农业大学在黄山祥华生态养殖有限公司测定 300 日龄公、母鸡各 30 只（舍饲）。

（三）蛋品质

祁门豆花鸡 300 日龄蛋品质见表 7。

表 7　祁门豆花鸡 300 日龄蛋品质

蛋重 (g)	蛋形指数	蛋壳强度 (kg/cm²)	蛋壳厚度 （mm）	蛋壳颜色	蛋黄色泽 （级）	哈氏单位	蛋黄比率 （%）
51.40±4.24	1.32±0.05	3.67	0.30±0.03	粉色或浅褐色	13.1±0.96	78.86±6.57	31.68±4.81

注：2019 年 12 月由安徽农业大学在黄山祥华生态养殖有限公司测定 43 周龄祁门豆花鸡蛋样品 150 个。

（四）繁殖性能

祁门豆花鸡开产日龄 152 ～ 160 日龄，开产体重 1.21 ～ 1.32kg，蛋重 48.3 ～ 50.4g，66 周龄饲养日产蛋数 125 ～ 155 个。种蛋受精率 85% ～ 88%，受精蛋孵化率 89% ～ 92%。母鸡就巢率 13% ～ 17%。

五、保护与利用

（一）保护情况

2023 年，祁门豆花鸡被列入《安徽省省级畜禽遗传资源保护名录》。

黄山祥华生态养殖有限公司承担祁门豆花鸡新发现资源临时保护，2023 年祁门豆花鸡群体数量为 8 000 只，其中核心群公鸡 70 只，母鸡 500 只，建有 30 个家系。

（二）开发利用

尚未开展祁门豆花鸡的系统选育，处于自繁自养状态。

祁门豆花鸡群体

六、评价与展望

祁门豆花鸡耐粗饲，善觅食，野性强、善飞、易惊群，皮下脂肪少，肉蛋风味好，饲料转化效率较低。今后可通过加强选育，提高其生长性能，亦可作为育种素材。

皖南三黄鸡

皖南三黄鸡（Wannan yellow chicken），俗称宣州鸡、皖南土鸡，属兼用型地方品种。

一、一般情况

（一）产区及分布

皖南三黄鸡原产地为宣城市、芜湖市，以及池州市长江以南一带，中心产区为宣城市宣州区、池州市青阳县、安庆市宿松县，主要分布于宣城市、池州市、安庆市、铜陵市、马鞍山市等地。内蒙古自治区、湖北省、吉林省等地也有饲养。

（二）产区自然生态条件

皖南三黄鸡原产地位于北纬 30°19′—32°40′、东经 115°20′—118°05′，地处安徽省南部，地势南部山丘起伏，中部丘陵绵延，北部以平原、圩区为主，海拔 5 ~ 1 095.4m。产区属亚热带季风气候，年平均气温 15℃，年最高气温 39℃，年最低气温 −5℃；年平均日照时数 2 106h；无霜期 228d；年平均降水量 1 526.5mm；年平均相对湿度 77%。境内河流主要有青弋江、水阳江、秋浦河和天目溪等。土壤类型主要有红壤、黄棕壤、水稻土、潮土、岩性土等。农作物主要有水稻、小麦、玉米、油菜、茶叶、甘薯等。

（三）饲养管理

皖南三黄鸡采用舍饲与放养相结合的饲养方式。舍饲饲喂全价玉米豆粕型日粮，放养时补饲稻谷、玉米等原粮。

二、品种来源与变化

（一）品种形成

皖南地区养鸡历史悠久，宣州区出土西晋时期瓷器中就有青釉鸡首罐。清代《南陵县志》（物产篇）记载："此鸡定名为'烛夜鸡'，属'德禽'之一，种类甚多，大小不一，以黄脚黄羽者居佳。"

产区洲滩、圩田、丘陵和山场面积大，野外放牧场宽阔，大小竹林多，盛产水稻，其他经济作物种类丰富。皖南三黄鸡正是在这种自然环境下，经过当地劳动人民长期饲养和选育而形成的优良地方品种。

（二）群体数量及变化情况

1980 年，安徽省皖南三黄鸡群体数量 463.46 万只；2007 年，安徽省饲养量约 650 万只；2021 年，安徽省皖南三黄鸡群体数量 687.97 万只。

三、体型外貌特征

（一）外貌特征

皖南三黄鸡体型中等，前躯较窄，后躯发达；皮肤白色；喙粗短而稍弯曲，呈黄色，喙尖呈钩状；单冠直立，冠齿 5～7 个，呈红色；肉髯红色；虹彩呈橘黄色；耳叶呈浅红色；胫黄色。

成年公鸡体质结实，胸深且略向前突，颈羽金黄色，背羽和鞍羽棕红色，胸羽褐黄色，腹羽浅黄色，翼羽褐黄色，尾羽黑色、上翘。

成年母鸡体躯丰满，呈楔形，前躯紧凑，后躯圆大；颈羽以金黄色为主，少量呈麻黄色；背羽以金黄色为主，少量呈麻黄色；鞍羽以黄色为主，少量呈麻黄色；胸羽和腹羽浅黄色；翼羽以黄色为主，少量呈麻黄色；尾羽以黄色为主，少量呈麻黄色。

雏鸡绒毛呈黄色。

皖南三黄鸡公鸡　　　　　　　　　　　皖南三黄鸡母鸡

（二）体重和体尺

皖南三黄鸡成年体重和体尺见表 1。

表 1　皖南三黄鸡成年体重和体尺

性别	体重 (g)	体斜长 (cm)	龙骨长 (cm)	胸宽 (cm)	胸深 (cm)	胸角 (°)	骨盆宽 (cm)	胫长 (cm)	胫围 (cm)
公	1 935.8±209.6	21.1±1.2	11.9±1.0	7.3±0.4	9.8±0.5	57.5±2.9	7.8±0.4	9.2±0.5	4.4±0.2
母	1 530.4±161.3	18.4±0.5	10.1±0.5	6.4±0.3	8.5±0.5	58.0±2.2	6.9±0.3	7.6±0.3	3.5±0.1

注：2022年6月由安徽省农业科学院畜牧兽医研究所在青阳县平云牧业开发有限公司测定300日龄公、母鸡各30只(笼养)。

四、生产性能

（一）生长发育

皖南三黄鸡生长期不同周龄体重见表2。

表 2　皖南三黄鸡生长期不同周龄体重　　　　　　　　　　　　　　　　单位：g

性别	出壳	2 周龄	4 周龄	6 周龄	8 周龄	10 周龄	13 周龄
公	31.3±2.3	116.4±10.6	234.9±16.5	388.9±36.9	598.0±61.2	871.4±68.2	1123.6±88.4
母	30.8±3.9	104.8±9.0	206.0±12.3	307.5±32.5	468.4±48.5	668.2±59.8	920.9±81.4

注：2022年4—8月由安徽省农业科学院畜牧兽医研究所在青阳县平云牧业开发有限公司测定出壳公、母鸡各50只，其余周龄公、母鸡各35只（平养）。

（二）屠宰性能及肉品质

皖南三黄鸡120日龄屠宰性能见表3。

表 3　皖南三黄鸡120日龄屠宰性能

性别	宰前活重 (g)	胴体重 (g)	屠宰率 (%)	半净膛率 (%)	全净膛率 (%)	胸肌率 (%)	腿肌率 (%)	腹脂率 (%)
公	1275.9±124.6	1132.5±113.0	88.7±1.1	79.0±1.7	64.2±1.5	13.3±1.5	25.3±1.7	/
母	997.4±77.8	864.1±72.0	86.6±1.6	77.3±1.9	64.2±2.0	15.4±1.1	23.1±1.2	1.9±1.3

注：2022年8月由安徽省农业科学院畜牧兽医研究所在青阳县平云牧业开发有限公司测定120日龄公、母鸡各30只(平养)。

皖南三黄鸡120日龄肉品质见表4。

表 4　皖南三黄鸡120日龄肉品质

性别	剪切力 (N)	滴水损失 (%)	pH_{45min}	肉色 a	肉色 b	肉色 L	水分 (%)	蛋白质 (%)	脂肪 (%)	灰分 (%)
公	35.5±5.5	1.2±0.6	6.5±0.2	4.8±2.0	12.1±3.0	72.5±6.8	73.5±0.5	23.8±0.6	0.4±0.1	3.2±0.3
母	26.6±5.3	1.8±0.8	6.4±0.2	5.1±1.7	17.0±3.4	75.9±7.0	72.3±0.5	24.7±0.3	0.5±0.2	3.7±0.5

注：2022年8月由安徽省农业科学院畜牧兽医研究所在青阳县平云牧业开发有限公司测定120日龄公、母鸡各30只(平养)。

皖南三黄鸡 300 日龄屠宰性能见表 5。

表 5　皖南三黄鸡 300 日龄屠宰性能

性别	宰前活重 （g）	胴体重 （g）	屠宰率 （%）	半净膛率 （%）	全净膛率 （%）	胸肌率 （%）	腿肌率 （%）	腹脂率 （%）
公	1935.8±209.6	1711.8±200.9	88.4±1.9	80.9±1.8	67.5±2.3	12.5±1.2	29.2±1.8	2.0±1.6
母	1530.4±161.3	1354.4±150.4	88.5±2.2	73.3±4.5	59.7±3.2	13.6±1.6	23.0±2.1	6.3±3.2

注：2022 年 6 月由安徽省农业科学院畜牧兽医研究所在青阳县平云牧业开发有限公司测定 300 日龄公、母鸡各 30 只（笼养）。

皖南三黄鸡 300 日龄肉品质见表 6。

表 6　皖南三黄鸡 300 日龄肉品质

性别	剪切力 （N）	滴水损失 （%）	pH_{45min}	肉色			水分 （%）	蛋白质 （%）	脂肪 （%）	灰分 （%）
				a	b	L				
公	44.8±11.5	1.8±0.8	6.1±0.3	11.8±3.1	13.3±3.7	63.9±7.6	72.2±0.5	25.9±0.6	0.4±0.1	3.9±0.1
母	31.2±6.5	2.0±0.6	6.1±0.3	5.3±1.7	11.2±3.3	60.7±6.4	71.1±0.6	26.3±0.7	0.9±0.1	3.6±0.1

注：2022 年 6 月由安徽省农业科学院畜牧兽医研究所在青阳县平云牧业开发有限公司测定 300 日龄公、母鸡各 30 只（笼养）。

（三）蛋品质

皖南三黄鸡蛋品质见表 7。

表 7　皖南三黄鸡蛋品质

蛋重 （g）	蛋形指数	蛋壳强度 （kg/cm²）	蛋壳厚度（mm）	蛋壳颜色	蛋黄色泽 （级）	蛋黄比率 （%）	哈氏单位
49.7±3.9	1.30±0.05	4.1±0.8	0.32±0.03	浅褐色	12.2±1.3	31.5±1.9	64.5±10.8

注：2022 年 6 月由安徽省农业科学院畜牧兽医研究所在青阳县平云牧业开发有限公司测定 300 日龄皖南三黄鸡蛋样品 150 个（笼养）。

（四）繁殖性能

皖南三黄鸡开产日龄为 135 ～ 146 日龄，平均开产体重 1.30kg，蛋重 50 ～ 55g。66 周龄饲养日母鸡平均产蛋数 160 个。自然交配，公母鸡配比为 1∶10 时，种蛋受精率 90% ～ 94%，受精蛋孵化率 86% ～ 88%。母鸡就巢率约 18%。

五、保护与利用

（一）保护情况

2011 年，皖南三黄鸡被收录于《中国畜禽遗传资源志·家禽志》；2021 年被列入《国家畜禽遗传资源品种名录》；2009 年、2016 年、2023 年被列入《安徽省省级畜禽遗传资源保护名录》。

2015 年、2021 年，青阳县平云牧业开发有限公司被确定为省级皖南三黄鸡保种场；2021 年，安徽木子农牧发展有限公司被确定为省级皖南三黄鸡保种场，并与安徽省农业农村厅、资源所在地县（区）签订三方保种协议。

2021 年，青阳县平云牧业开发有限公司存栏皖南三黄鸡核心群种公鸡 530 只、种母鸡 3280 只，建有112 个家系。安徽木子农牧发展有限公司存栏皖南三黄鸡核心群种公鸡 100 只、种母鸡 1 100 只，建有 82个家系。

（二）开发利用

利用皖南三黄鸡作为育种素材培育出的徽鲜鸡配套系，于 2024 年通过了国家畜禽遗传资源委员会审定。

2022 年，"宣州鸡"通过国家地理标志证明商标认证（56085744）。注册商标有"皖南土鸡""山中鲜""木子凤""九华""平云牧业"。

安徽省陆续发布了地方标准《皖南三黄鸡》（DB34/T 413—2004）、《皖南三黄鸡雏鸡饲养管理规程》（DB34/T 414—2004）、《宣州鸡商品代饲养管理技术规程》（DB3418/T 010—2019）。

皖南三黄鸡群体

六、评价与展望

皖南三黄鸡觅食力强、耐粗饲、适应性强、肉质好、抗逆性强，生长速度较慢。今后应加强本品种选育与开发利用，亦可将皖南三黄鸡作为育种素材。

巢湖鸭

巢湖鸭〔Chaohu duck〕，俗称巢湖麻鸭，属兼用型地方品种。

一、一般情况

（一）产区及分布

巢湖鸭原产地为合肥市庐江县、巢湖市，中心产区为合肥市庐江县，主要分布在合肥市庐江县、巢湖市、肥东县、肥西县，淮南市寿县，马鞍山市和县，芜湖市无为市等地。湖北省、天津市等地也有饲养。

（二）产区自然生态条件

巢湖鸭原产地位于北纬 30°57′—31°33′、东经 117°01′—117°34′。境内地形复杂多样，有低山、丘陵、圩区和湖泊、河流等，海拔为 6 ～ 595 m。产区属北亚热带湿润季风气候，年平均气温 15.9℃，年最高气温 37.6℃，年最低气温 −6.9℃；年平均日照时数 1 733h；无霜期 264d；年平均降水量 1 123.5mm；年平均相对湿度 77%。境内有巢湖、黄陂湖、白湖等。土壤类型主要有黄棕壤、水稻土、潮土等。农作物主要包括水稻、小麦、油菜、花生、豆类和甘薯等。

（三）饲养管理

以舍饲为主，兼有放牧饲养。饲喂配合饲料，放牧时补饲稻谷、玉米等原粮。

二、品种来源与变化

（一）品种形成

巢湖鸭是当地劳动人民经过长期人工选育和自然驯化而形成的优良地方品种。明朝嘉靖七年《无为州志》中记载："东门日日鱼上市，二月家家鸭成雏""鸭之畜，千百为群性，宜卵外，商卤之，以罔利他郡焉"。明朝嘉靖四十二年（1563 年）的《庐江志·货殖篇》，把鸭列为家禽之首。清乾隆年间就有生产著名佳肴"无为熏鸭"的历史。产区动植物和粮食资源丰富，大面积的水田及稻田遗谷，历来就有放牧群鸭（棚鸭）的习惯和经验，为发展巢湖鸭生产提供了物质基础；当地群众习惯腌制咸鸭、咸鸭蛋，这些习俗对巢湖鸭品种的形成也起到促进作用。

（二）群体数量及变化情况

1982 年，产区巢湖鸭饲养量约为 500 万只；2007 年饲养量约为 200 万只；2021 年，安徽省巢湖鸭群体数量为 11.05 万只。

三、体型外貌特征

（一）外貌特征

巢湖鸭体型中等，前躯中等宽深，后躯发育良好，两腿结实有力。皮肤呈白色。羽毛紧密而有光泽，颈细长，喙豆黑色。虹彩呈褐色。胫、蹼呈橘红色，爪黑色。

公鸭喙呈橘黄色。头、颈上部羽毛为墨绿色有光泽，颈下部为灰褐色；主翼羽灰黑色，背羽前半部灰褐色，后半部灰色，胸羽浅褐色，镜羽墨绿色有光泽，腹部白色，臀部黑色；尾羽灰色、尾梢白麻色；尾端有 2～4 根性羽灰黑色。

母鸭喙呈黄绿色或黄褐色。颈羽麻黄色，主翼羽灰黑色，背羽麻黄色，胸羽浅麻色，镜羽墨绿色有光泽，腹部浅麻色，尾羽麻黄色。

雏鸭绒毛呈黄色。

巢湖鸭公鸭

巢湖鸭母鸭

（二）体重和体尺

巢湖鸭成年体重和体尺见表 1。

安徽畜禽遗传资源志 | Livestock and Poultry Genetic Resources In Anhui

表 1　巢湖鸭成年体重和体尺

性 别	体重 (g)	体斜长 (cm)	胸深 (cm)	胸宽 (cm)	龙骨长 (cm)	骨盆宽 (cm)	胫长 (cm)	胫围 (cm)	半潜水长 (cm)	颈长 (cm)
公	2280.5±234.1	22.6±1.4	9.0±0.6	9.1±0.4	13.7±0.5	5.7±0.7	6.4±0.4	4.3±0.4	57.2±2.5	21.1±1.4
母	2154.6±221.3	21.5±2.3	8.2±0.7	8.7±0.6	13.5±1.3	6.4±0.6	6.3±0.5	4.3±0.4	52.1±3.4	19.6±1.8

注：2022 年 6 月由安徽农业大学在安徽省沙湖牧业有限公司测定 300 日龄公、母鸭各 30 只（舍饲）。

四、生产性能

（一）生长发育

巢湖鸭生长期不同周龄体重见表 2。

表 2　巢湖鸭生长期不同周龄体重　　　　　　　　　　　　　　　　　　　单位：g

性别	出壳	2 周龄	4 周龄	6 周龄	8 周龄	10 周龄
公	43.0±3.7	224.5±23.4	522.3±51.5	1051.6±26.7	1574.0±166.9	1910.3±131.3
母	42.7±2.9	222.8±15.3	511.0±42.6	1048.2±32.3	1502.5±126.2	1885.7±130.5

注：2022 年 10—12 月由安徽农业大学和安徽省畜禽遗传资源保护中心每两周在安徽省沙湖牧业有限公司测定公、母鸭各 30 只（舍饲）。

（二）屠宰性能及肉品质

巢湖鸭屠宰性能见表 3。

表 3　巢湖鸭屠宰性能

性别	宰前活重 （g）	屠宰率 （%）	半净膛率 （%）	全净膛率 （%）	腿肌率 （%）	胸肌率 （%）	腹脂率 （%）
公	2091.0±208.9	90.3±0.1	87.0±1.6	76.9±1.5	8.3±0.7	11.2±1.0	2.0±0.1
母	1903.9±233.0	90.2±0.1	85.5±1.9	76.4±1.4	8.1±0.6	10.3±0.9	3.0±0.2

注：2022 年 6 月由安徽农业大学和安徽省畜禽遗传资源保护中心在安徽省沙湖牧业有限公司测定 120 日龄公、母鸭各 30 只（舍饲）。

巢湖鸭肉品质见表 4。

表 4　巢湖鸭肉品质

性别	剪切力 (N)	滴水损失 (%)	pH	肉色			水分 (%)	蛋白质 (%)	脂肪 (%)
				a	b	L			
公	37.92±1.32	1.12±0.11	6.23±0.32	10.94±0.93	6.92±0.53	33.93±1.32	68.23±2.54	16.64±1.43	1.21±0.11
母	39.93±2.31	1.23±0.12	6.34±0.21	11.54±1.03	6.74±0.63	33.83±2.02	68.14±1.43	17.23±1.34	1.32±0.11

注：2022 年 6 月由安徽农业大学和安徽省畜禽遗传资源保护中心在安徽省沙湖牧业有限公司测定 120 日龄公、母鸭各 30 只（舍饲）。

（三）蛋品质

巢湖鸭蛋品质见表 5。

表 5　巢湖鸭蛋品质

蛋重 (g)	蛋形指数	蛋壳颜色	蛋壳厚度 (mm)	蛋壳强度 (kg/cm²)	蛋黄比率 (%)	哈氏单位
74.6±6.1	1.3±0.1	白壳占 84% 青壳占 16%	0.50±0.01	4.8±0.5	31.9±3.3	82.8±2.4

注：2022 年 6 月由安徽农业大学在安徽省沙湖牧业有限公司测定 300 日龄巢湖鸭蛋样品 30 个（舍饲）。

（四）繁殖性能

巢湖鸭开产日龄为 150 ～ 180 日龄，500 日龄产蛋数为 170 ～ 200 个，蛋重 71 ～ 83g。自然交配，公母鸭配比为 1 :（10 ～ 15），种蛋受精率 92% ～ 95%，受精蛋孵化率 90% ～ 95%。母鸭无就巢性。

五、保护与利用

（一）保护情况

1989 年巢湖鸭被收录于《中国家禽品种志》；2011 年被收录于《中国畜禽遗传资源志·家禽志》；2004 年、2020 年、2021 年被列入《国家畜禽遗传资源品种名录》；2009 年、2016 年、2023 年被列入《安徽省省级畜禽遗传资源保护名录》。

1979 年，安徽省农林局委托巢湖地区农业局主持，开始在庐江县种畜场建立了巢湖鸭保种选育群。1983 年，安徽省农业厅在庐江县种畜场基础上建立了安徽省庐江县巢湖鸭原种场。2022 年，由安徽省沙湖牧业有限公司承担巢湖鸭保种任务，2023 年核心群存栏种公鸭 80 只、种母鸭 800 只，80 个家系。

（二）开发利用

2010 年，"巢湖麻鸭"获国家地理标志证明商标。注册了"庐州沙湖"商标。安徽省发布了地方标准《巢湖麻鸭》（皖 D/XM16—87）、《巢湖鸭雏鸭饲养管理技术规程》（DB34/T 1645—2012）、《巢湖鸭青年鸭饲养管理技术规程》（DB34/T 1646—2012）、《巢湖鸭产蛋鸭饲养管理技术规程》（DB34/T 1646—2012）。

巢湖鸭群体

六、评价与展望

巢湖鸭抗逆性强、耐粗饲、适应性强、肉质细嫩、味道鲜美，是"庐江烤鸭""无为熏鸭"的主要原料。今后应在保种的基础上，加强开发利用。

枞阳媒鸭

枞阳媒鸭（Zongyang mei duck），属肉用型地方品种。

一、一般情况

（一）产区及分布

枞阳媒鸭原产地和中心产区为铜陵市枞阳县。主要分布在皖江沿岸的铜陵市郊区、枞阳县，安庆市怀宁县和宣城市旌德县等地，湖北省也有饲养。

（二）产区自然生态条件

枞阳媒鸭原产地位于北纬 31°01′—31°38′、东经 117°05′—117°43′，地势西高东低，地形复杂多样，既有低山丘陵，又有冲积平原和沿江洲圩，海拔 13 ～ 675 m。产区属亚热带湿润季风气候，年平均气温 16.5℃，年最高气温 40℃，年最低气温 −8.5℃；年平均日照时数 2 066h；无霜期 212d；年平均降水量 1 327mm；年平均相对湿度 76%。境内主要有菜子湖、白荡湖、横埠河、杨市河等河流湖泊。土壤类型，圩区多属沙质土，丘陵区多为黄砂土及红砂土。农作物主要有水稻、小麦、玉米、油菜、棉花、甘薯等。

（三）饲养管理

枞阳媒鸭以舍饲为主，兼有放牧饲养。饲喂配合饲料，放牧时补饲稻谷、玉米等原粮。

二、品种来源与变化

（一）品种形成

枞阳媒鸭饲养历史悠久。历史上当地百姓世代以渔猎为生，猎户对部分野鸭进行驯养后，作为"媒子"（媒介）诱捕野鸭，故称为媒鸭。《康熙桐城县志·道光续修桐城县志》第二十二卷"物产志"记载："巨凫之雄者，绿头光泽，项毛紫褐，尾色绿，有三四毛曲而向上；雌者通身斑纹，头无绿色，尾无卷毛，趾掌皆红赤，肥而味美。"《枞阳县志》（1978—2002 年）中记载："枞阳媒鸭系独特的地方鸭种，1989 年以后，县内饲养发展加快，每年饲养量都在 10 万只以上，以老湾、汤沟和官埠桥饲养最多。"2009 年，国家畜禽遗传资源委员会鉴定枞阳媒鸭为地方遗传资源。

（二）群体数量及变化情况

1987年，产区存栏枞阳媒鸭3.5万～4万只；2004年存栏约3万只；2008年存栏约9500只。2021年，安徽省枞阳媒鸭群体数量为4.90万只。

三、体型外貌特征

（一）外貌特征

枞阳媒鸭体型较小，皮肤白色。头椭圆形，喙呈青色或橘黄色，喙豆为黑色。羽毛紧密而有光泽，虹彩呈棕色，胫、蹼呈橘红色。

成年公鸭颈粗短，头部与颈羽为深孔雀绿色，颈部下1/3处有白羽圈，白羽圈下部至嗉囊部为棕红色，背部为浅棕灰色。主翼羽和副翼羽均为深灰色，背羽呈银灰色。主翼羽与副翼羽的腹面为淡灰色，翼内侧羽毛呈白色，肋部、大腿外侧及胸腹部羽毛呈麻灰色，尾部两侧及腹部羽毛呈灰白色。尾羽羽轴外侧麻灰色、内侧黑色，性羽灰黑色带钩。

成年母鸭颈细长，全身羽毛为麻褐色，有暗点或暗条纹，深浅不一；主翼羽边缘为白色，其余为麻褐色。颈羽、背羽、腹羽、鞍羽和尾羽均呈麻褐色。

雏鸭绒毛为黑灰色。

枞阳媒鸭公鸭　　　　　　　　　　　　　枞阳媒鸭母鸭

（二）体重和体尺

枞阳媒鸭成年体重和体尺见表1。

表 1　枞阳媒鸭成年体重和体尺

性别	体重 (g)	体斜长 (cm)	胸深 (cm)	胸宽 (cm)	龙骨长 (cm)	骨盆宽 (cm)	胫长 (cm)	胫围 (cm)	半潜水长 (cm)	颈长 (cm)
公	1107.3±131.5	18.5±1.3	7.3±0.6	7.0±0.5	11.0±0.5	5.5±0.5	5.5±0.3	3.5±0.3	44.7±2.7	16.5±1.2
母	1020.0±168.1	17.6±1.3	7.0±0.6	7.0±0.6	10.2±0.7	5.5±0.6	5.3±0.3	3.5±0.3	41.2±2.5	14.4±1.5

注：2022 年 6 月由安徽农业大学和安徽省畜禽遗传资源保护中心在安徽祥飞枞阳媒鸭养殖有限公司测定 300 日龄公、母鸭各 30 只（舍饲）。

四、生产性能

（一）生长发育

枞阳媒鸭生长期不同周龄体重见表 2。

表 2　枞阳媒鸭生长期不同周龄体重　　　　　　　　　　　单位：g

性别	出壳	2 周龄	4 周龄	6 周龄	8 周龄	10 周龄	12 周龄
公	41.0±4.4	144.8±18.2	495.4±62.6	533.9±70.0	599.2±75.9	649.3±68.1	881.7±85.6
母	40.0±4.0	154.9±20.8	425.8±86.4	531.0±61.3	532.0±57.2	558.8±60.5	715.5±68.1

注：2022 年 5—8 月由安徽农业大学在安徽祥飞枞阳媒鸭养殖有限公司测定公、母鸭各 30 只（舍饲）。

（二）屠宰性能及肉品质

枞阳媒鸭屠宰性能见表 3。

表 3　枞阳媒鸭屠宰性能

性别	宰前活重 (g)	屠体重 (g)	屠宰率 （%）	半净膛率 （%）	全净膛率 （%）	腿肌率 （%）	胸肌率 （%）	腹脂率 （%）
公	1253.3±90.6	1111.0±86.6	88.6±0.1	81.5±2.3	72.8±2.4	15.6±2.2	18.2±1.2	1.2±0.1
母	1130.7±76.9	1013.7±70.6	89.7±0.1	82.9±3.4	73.9±3.6	14.7±1.5	18.8±2.1	1.4±0.1

注：2022 年 8 月由安徽农业大学在安徽祥飞枞阳媒鸭养殖有限公司测定 120 日龄公、母鸭各 30 只（舍饲）。

枞阳媒鸭肉品质测定结果见表 4。

表 4　枞阳媒鸭肉品质

性别	剪切力 (N)	滴水损失 （%）	pH	肉色			水分 （%）	蛋白质 （%）	脂肪 （%）
				a	b	L			
公	27.44±1.32	1.42±0.12	6.22±0.21	18.43±1.61	7.30±0.60	30.90±1.91	68.61±3.30	14.02±0.81	2.01±0.10
母	28.93±1.13	1.32±0.11	6.31±0.20	17.41±1.92	7.32±0.71	30.53±1.72	68.62±3.01	14.23±0.92	2.41±0.21

注：2022 年 8 月由安徽农业大学在安徽祥飞枞阳媒鸭养殖有限公司测定 120 日龄公、母鸭各 30 只（舍饲）。

（三）蛋品质

枞阳媒鸭蛋品质见表 5。

表 5　枞阳媒鸭蛋品质

蛋重 （g）	蛋形指数	蛋壳颜色	蛋壳厚度 （mm）	蛋壳强度 （N/cm²）	蛋黄比率 （%）	哈氏单位
65.83 ± 3.91	1.34 ± 0.12	白壳占 3% 青壳占 97%	0.39 ± 0.01	43.20 ± 0.50	35.34 ± 1.31	81.82 ± 2.21

注：2022 年 12 月由安徽农业大学和安徽省畜禽遗传资源保护中心在安徽祥飞枞阳媒鸭养殖有限公司测定 300 日龄枞阳媒鸭蛋样品 30 个（舍饲）。

（四）繁殖性能

枞阳媒鸭 5% 开产日龄为 150 ～ 200 日龄，年产蛋数 60 ～ 90 个，种蛋合格率约 95%，产蛋期存活率约 96%。自然交配，公母比例为 1：（10 ～ 15），种蛋受精率 80% ～ 85%，受精蛋孵化率 85% ～ 90%。枞阳媒鸭无繁殖季节性，母鸭就巢率 5%。

五、保护与利用

（一）保护情况

2011 年，枞阳媒鸭被收录于《中国畜禽遗传资源志·特种畜禽志》。2020 年、2021 年被列入《国家畜禽遗传资源品种名录》；2009 年、2016 年、2023 年被列入《安徽省省级畜禽遗传资源保护名录》。

2021 年，安徽省祥飞枞阳媒鸭养殖有限公司和安徽天鹅湖生态农业开发有限公司被确定为省级枞阳媒鸭保种场，并与安徽省农业农村厅、资源所在地县级政府签订了三方保种协议。2023 年，安徽祥飞枞阳媒鸭养殖有限公司存栏核心群 990 只，其中种公鸭 90 只，种母鸭 900 只，90 个家系；安徽天鹅湖生态农业开发有限公司存栏核心群 374 只，其中种公鸭 34 只，种母鸭 340 只，34 个家系。

（二）开发利用

2018 年，"枞阳媒鸭"获国家地理标志认证（AGI02889）。安徽省发布了地方标准《枞阳媒鸭》（DB34/T 1882—2013）、《枞阳媒鸭饲养管理技术规程》（DB34/T 2110—2014）、《枞阳媒鸭稻鸭共生技术规程》（DB34/T 3412—2019）。

枞阳媒鸭群体

六、评价与展望

枞阳媒鸭野性强，觅食能力强，肉质细嫩、味道鲜美、营养丰富、瘦肉率高。今后应加强品种保护和本品种选育，在保种的基础上开展选育工作，提高生长速度和产蛋性能。

安徽畜禽遗传
资源志   Livestock and Poultry
Genetic Resources In Anhui

皖西白鹅

皖西白鹅（Wanxi white goose），属肉用型地方品种。

一、一般情况

（一）产区及分布

皖西白鹅原产地为安徽省六安市和河南省固始县一带，安徽中心产区为六安市霍邱县和淮南市寿县，在安徽省主要分布于六安市、淮南市、滁州市、合肥市、马鞍山市、芜湖市、蚌埠市、宿州市等。河南省、湖北省、内蒙古自治区、辽宁省、河北省等地也有饲养。

（二）产区自然生态条件

皖西白鹅原产地位于北纬31°01′—32°40′、东经115°20′—117°14′，地处安徽省西部、大别山北麓，湖北、河南、安徽三省交界处，别称"皖西"。地势西南高峻，东北低平，呈梯形分布，山、岗、丘、畴层次分明，海拔7～1 774m。产区属北亚热带湿润季风性气候，年平均气温16.7℃，年最高气温43.3℃，年最低气温－10.3℃；年平均日照时数1 960～2 330h；无霜期210～230d；年平均降水量1 242mm；年平均相对湿度76%。境内河流主要有淠河、史河、杭埠河等。土壤类型主要有黄棕壤、水稻土、潮土、砂姜黑土等。农作物主要有水稻、小麦、油菜、茶叶、甘薯等。

（三）饲养管理

皖西白鹅饲养方式以散养为主，以家庭农副产品、牧草为主要饲料来源。规模户有简易的棚舍、放养地，以配合饲料为主。

二、品种来源与变化

（一）品种形成

皖西白鹅形成历史较早，明嘉靖年间亦有文字记载，明代《本草纲目》载："鹅鸣自呼。江东谓之舒雁，似雁而舒迟也。江淮以南多畜之。有苍、白二色，及大而垂胡者。并绿眼黄喙红掌，善斗，其夜鸣应更。"

皖西地区历史上地广人稀，盛产稻、麦，河湖水草丰茂，丘陵草地广阔，适宜放牧养鹅，加之当地有腌制加工"腊鹅"的习俗，对该品种的形成起到了重要作用。

（二）群体数量及变化情况

2007年，皖西白鹅在皖西地区饲养量为800万只；2021年，安徽省皖西白鹅的群体数量约42万只。

三、体型外貌特征

（一）外貌特征

皖西白鹅体型中等偏大，体态高昂，颈长、呈弓形，胸深广，背宽平。全身羽毛洁白，部分头颈、胸腹部有灰色羽毛。部分鹅枕部生有球形羽束，俗称"凤头鹅"。半数颌下有咽袋，俗称"牛鹅"。肉瘤呈橘黄色，圆而光滑，无皱褶。喙呈橘黄色，喙端颜色较淡。虹彩呈蓝灰色。胫、蹼呈橘红色。

公鹅体型高大雄壮，颈粗长、有力，肉瘤大、颜色深，喙较宽长。母鹅颈较细且短，肉瘤较小且颜色较淡，腹部轻微下垂，产蛋期间腹部有一条明显的腹褶，高产鹅的腹褶大而接近地面。雏鹅绒毛呈淡黄色。

皖西白鹅公鹅　　　　　　　　　　　　　　　　皖西白鹅母鹅

（二）体重和体尺

皖西白鹅成年体重和体尺见表1。

表1　皖西白鹅成年体重和体尺

性别	体重（g）	体斜长（cm）	半潜水长（cm）	颈长（cm）	龙骨长（cm）	胫长（cm）	胫围（cm）	胸深（cm）	胸宽（cm）	骨盆宽（cm）
公	6613.3±619.1	30.0±3.0	89.8±3.6	40.3±0.9	19.7±0.9	10.1±0.4	5.9±0.4	11.1±0.5	10.1±0.3	10.7±0.4
母	5734.5±361.8	29.6±0.64	84.8±3.5	33.6±1.5	19.4±0.8	9.4±0.5	5.8±0.4	11.0±0.6	9.9±0.3	10.5±0.6

注：2022年8月由安徽农业大学在安徽省皖西白鹅原种场有限公司测定360日龄公、母鹅各30只（网上育雏、地面平养育成）。

四、生产性能

（一）生长发育

皖西白鹅生长期不同周龄体重见表2。

表2　皖西白鹅生长期不同周龄体重　　　　　　　　　　　　　　　　单位：g

性别	出壳	2周龄	4周龄	6周龄	8周龄	10周龄	17周龄
公	104.1±5.5	679.9±5.2	1279.1±13.0	2204.7±9.2	2953.9±7.3	3223.8±7.3	4124.9±5.6
母		633.6±5.1	1224.7±8.5	2186.6±6.7	2843.2±7.1	3179.3±8.0	3868.7±26.8

注：2022年3—8月由安徽农业大学在安徽省皖西白鹅原种场有限公司测定出壳公、母混雏60只，其余周龄公、母鹅各30只（网上育雏、地面平养育成）。

（二）屠宰性能及肉品质

皖西白鹅70日龄屠宰性能见表3。

表3　皖西白鹅70日龄屠宰性能

性别	宰前活重（g）	屠宰率（%）	半净膛率（%）	全净膛率（%）	胸肌率（%）	腿肌率（%）	腹脂率（%）	皮脂率（%）
公	3406.9±303.9	86.8±2.8	76.4±2.2	67.3±2.3	4.7±1.5	15.8±2.3	1.5±0.6	12.5±1.9
母	3077.8±258.3	87.1±2.1	76.4±3.6	66.9±4.9	5.2±2.1	15.2±2.1	1.4±0.7	11.7±2.4

注：2022年8月由安徽农业大学在安徽省皖西白鹅原种场有限公司测定70日龄公、母鹅各30只（网上育雏、地面平养育成）。

皖西白鹅70日龄肉品质见表4。

表4　皖西白鹅70日龄肉品质

性别	剪切力（N）	肉色			pH	脂肪（%）	蛋白质（%）	水分（%）	蒸煮损失（%）
		a	b	L					
公	35.4±11.9	16.3±2.2	8.6±2.2	52.8±4.9	6.0±0.3	2.3±0.2	20.8±0.2	74.2±1.5	43.0±3.9
母	37.5±10.6	16.6±3.2	8.8±2.0	54.0±5.3	5.9±0.2	2.0±0.2	21.0±0.3	75.1±0.4	43.9±3.1

注：2022年8月由安徽农业大学在安徽省皖西白鹅原种场有限公司测定70日龄公、母鹅各30只（网上育雏、地面平养育成）。

皖西白鹅120日龄屠宰性能见表5。

表 5　皖西白鹅 120 日龄屠宰性能

性别	宰前活重（g）	屠宰率（%）	半净膛率（%）	全净膛率（%）	胸肌率（%）	腿肌率（%）	腹脂率（%）	皮脂率（%）
公	4297.3±385.5	82.4±3.8	75.7±3.7	70.0±3.6	13.0±1.2	11.6±1.1	1.8±0.8	16.1±3.6
母	4111.7±367.1	85.5±3.4	78.2±2.7	72.5±11.3	11.5±2.1	11.0±1.9	3.5±1.4	15.4±3.1

注：2022 年 8 月由安徽农业大学在安徽省皖西白鹅原种场有限公司测定 120 日龄公、母鹅各 30 只（网上育雏、地面平养育成）。

皖西白鹅 120 日龄肉品质见表 6。

表 6　皖西白鹅 120 日龄肉品质

性别	剪切力（N）	肉色			pH	脂肪（%）	蛋白质（%）	水分（%）	蒸煮损失（%）
		a	b	L					
公	71.5±13.7	19.0±2.1	10.0±1.8	33.8±2.9	5.7±0.2	2.5±0.8	21.2±0.3	73.8±1.3	31.2±6.0
母	65.6±18.6	19.6±1.8	10.4±1.9	33.6±2.6	5.6±0.1	2.4±0.7	21.3±0.3	74.1±1.1	33.3±7.9

注：2022 年 8 月由安徽农业大学在安徽省皖西白鹅原种场有限公司测定 120 日龄公、母鹅各 30 只（网上育雏、地面平养育成）。

（三）毛绒性能

皖西白鹅毛绒性能见表 7。

表 7　皖西白鹅毛绒性能

性别	日龄	毛绒总重（g）	绒重（g）
公	120	117.9±34.0	63.7±15.3
母	120	100.8±21.1	77.5±21.9
公	300	395.1±25.7	70.5±9.5
母	300	412.0±26.8	73.2±7.0

注：2022 年 8 月由安徽农业大学在安徽省皖西白鹅原种场有限公司测定 120 日龄和 300 日龄公、母鹅各 30 只（网上育雏、地面平养育成）。

（四）繁殖性能

皖西白鹅 5% 平均开产日龄为 240 日龄，平均开产体重 5.5 ～ 5.9 kg，43 周龄产蛋率约为 47%，年产蛋 25 ～ 27 个，种蛋合格率约 98%，产蛋期存活率约 96%。自然交配，公母比例 1 ：（4 ～ 5），种蛋受精率 85% ～ 90%，受精蛋孵化率约 90%。皖西白鹅繁殖有季节性，在六安地区，繁殖期为 11 月到第二年 5 月，母鹅就巢率约 98%。

五、保护与利用

（一）保护情况

1989 年，皖西白鹅被收录于《中国家禽品种志》；2011 年被收录于《中国畜禽遗传资源志·家禽志》；2000 年被列入《国家畜禽品种保护名录》；2006 年、2014 年被列入《国家级畜禽遗传资源保护名录》；2020 年、2021 年被列入《国家畜禽遗传资源品种名录》；2009 年、2016 年和 2023 年被列入《安徽省省级畜禽遗传资源保护名录》。

2021 年，安徽省皖西白鹅原种场有限公司、寿县板桥皖西白鹅原种场有限公司、六安市金安区飞翔皖西白鹅遗传资源保护中心、安徽展羽生态农业开发有限公司、六安安皋养殖有限公司被确定为省级皖西白鹅保种场。安徽省皖西白鹅原种场有限公司、六安安皋养殖有限公司被确定为国家皖西白鹅保种场。

2023 年，安徽省皖西白鹅原种场有限公司核心群存栏 1 000 只，其中公鹅 200 只、母鹅 800 只，建有 50 个家系；寿县板桥皖西白鹅原种场有限公司核心群存栏 260 只，其中公鹅 48 只、母鹅 212 只，48 个家系；六安市金安区飞翔皖西白鹅遗传资源保护中心保种核心群存栏 200 只，其中公鹅 50 只、母鹅 150 只，建有 30 个家系；安徽展羽生态农业开发有限公司核心群存栏 450 只，其中公鹅 90 只、母鹅 360 只，建有 90 个家系；六安安皋养殖有限公司核心群存栏 250 只，其中公鹅 50 只、母鹅 200 只，建有 50 个家系。

（二）开发利用

"皖西白鹅"获 2024 年"皖美农品"区域公用品牌。相关企业已注册"寿星头""展羽""奥安康"等多个商标。

国家质量监督检验检疫总局、国家标准化管理委员会发布了国家标准《皖西白鹅》（GB/T 26617—2011），安徽省发布了地方标准《皖西白鹅雏鹅培育技术规程》（DB34/T 525—2005），六安市发布了《皖西白鹅防水羽绒分级标准》（DB3415/T 16—2021）、《水洗皖西白鹅毛生产技术规范》（DB3415/T 15—2021）。

皖西白鹅群体

六、评价与展望

　　皖西白鹅属中等偏大体型鹅种，生长速度快、觅食力强、耐粗饲、绒质优良、肉质好，产蛋量低。皖西白鹅可直接利用，也可作为肉鹅杂交育种素材。

雁鹅

雁鹅（Yan goose），属肉用型地方品种。

一、一般情况

（一）产区及分布

雁鹅原产地为安徽省六安市霍邱县、金安区、裕安区、舒城县，淮南市寿县，以及合肥市的肥西县。中心产区位于宣城市旌德县。现主要分布于宣城市的旌德县、郎溪县、泾县，安庆市太湖县等地。内蒙古自治区、江苏省、上海市、湖北省等地也有饲养。

（二）产区自然生态条件

雁鹅中心产区位于北纬 30°07′—30°29′、东经 118°15′—118°44′，地处皖南山区与沿江平原的结合地带，地势南高北低，海拔 50～1 800m。产区属亚热带湿润季风气候，年平均气温 16℃，年最高气温43.3℃，年最低气温 −10.3℃；年平均日照时数 1 784.1h；无霜期 228d；年平均降水量 1 429.6mm；年平均相对湿度 82%。境内主要河流有青弋江、水阳江等。土壤类型主要有红壤、黄棕壤和水稻土。主要农作物有水稻、小麦、油菜、茶叶、甘薯、花生等。

（三）饲养管理

雁鹅通常采取放牧与舍饲相结合的养殖方式。大多数农户饲养以农副产品为主要饲料来源，规模户有简易的棚舍、放养地，以配合饲料为主。

二、品种来源与变化

（一）品种形成

雁鹅与皖西白鹅产地同源。雁鹅的形成历史较早，在明嘉靖年间即有文字记载，至今已有 400 余年历史。长期以来，当地群众把养鹅作为重要的副业，每逢春季农民家家户户喂养小鹅，至霜降以后（10 月底至 11月初）进行圈养，饱饲稻谷，进行 20d 左右的肥育（称作"栈鹅"），作为腌制"腊鹅"的原料。"腊鹅"是当地群众喜爱的传统肉食品，每逢喜庆佳节，宴席上均以"腊鹅"为珍品，这也是雁鹅这一优良地方品种形成的重要原因。20 世纪 50 年代以后，由于消费习惯的改变和对白色羽绒的需求偏好性，导致雁鹅产区由六安市等地转移至宣城市。

（二）群体数量及变化情况

1981 年，雁鹅饲养量约 18 万只；2002 年，郎溪县雁鹅保种场存栏 260 只，2007 年存栏 492 只。2021 年，安徽省雁鹅群体数量 733 只。

三、体型外貌特征

（一）外貌特征

雁鹅皮肤多呈黄白色。头大小适中，有黑色肉瘤，质地柔软，向上方突出，呈桃形或半球形，肉瘤边缘及喙的后部有半圈白羽。喙呈黑色。羽毛呈灰褐色或深褐色，颈的背侧有一条明显的灰褐色羽带，体躯的羽色由上向下从深到浅，至腹部成为灰白色或白色，背、翼、肩及腿羽都是灰褐色镶白色边。虹彩呈蓝灰色。胫、蹼呈橘黄色，少数有黑斑。爪呈黑色。

公鹅体型高大粗壮，头部肉瘤大而突出；母鹅性情温驯，肉瘤较小，有腹褶；20% 左右的公鹅有咽袋，母鹅无咽袋。

雏鹅绒毛呈墨绿色或棕褐色。

雁鹅公鹅

雁鹅母鹅

（二）体重和体尺

雁鹅成年体重和体尺见表 1。

表 1　雁鹅成年体重和体尺

性别	体重 （g）	体斜长 （cm）	半潜水长 （cm）	颈长 （cm）	龙骨长 （cm）	胫长 （cm）	胫围 （cm）	胸深 （cm）	胸宽 （cm）	骨盆宽 （cm）
公	3965.4±505.0	27.6±3.1	68.8±4.1	24.6±5.1	15.6±1.2	8.4±0.9	4.8±0.5	8.5±1.2	10.4±1.2	6.7±1.6
母	3248.7±308.0	27.1±3.1	64.4±3.4	24.1±3.7	14.8±0.9	8.1±0.5	4.8±0.4	8.3±1.0	9.2±1.2	6.3±0.9

注：2022 年 6 月由安徽农业大学在旌德县三溪镇先锋家庭农场测定 390 日龄公、母鹅各 30 只（地面平养）。

四、生产性能

（一）生长发育

雁鹅生长期不同周龄体重见表 2。

表 2　雁鹅生长期不同周龄体重　　　　　　　　　　　　单位：g

性别	出壳	2 周龄	4 周龄	6 周龄	8 周龄	10 周龄	17 周龄
公	105.6±3.4	512.4±3.3	792.0±13.6	1570.2±29.7	2203.0±85.9	3442.9±26.8	4127.7±90.1
母	102.2±2.5	512.2±3.7	799.3±10.9	1569.6±33.9	2186.7±84.4	3448.1±23.2	4151.2±54.4

注：2022 年 3—8 月由安徽农业大学在旌德县三溪镇先锋家庭农场测定公、母鹅各 30 只（地面平养）。

（二）屠宰性能及肉品质

雁鹅屠宰性能见表 3。

表 3　雁鹅屠宰性能

性别	宰前活重 （g）	屠宰率 （%）	半净膛率 （%）	全净膛率 （%）	胸肌率 （%）	腿肌率 （%）	腹脂率 （%）	皮脂率 （%）
公	2506.3±339.2	85.8±3.0	74.5±4.4	65.6±4.2	6.7±1.5	13.4±1.7	0.6±0.7	15.8±2.5
母	2281.0±398.5	85.3±1.9	74.3±2.0	65.1±2.3	8.2±1.4	13.4±2.8	0.5±0.7	14.1±3.5

注：2022 年 6 月由安徽农业大学在旌德县三溪镇先锋家庭农场测定 70 日龄公、母鹅各 30 只（地面平养）。

雁鹅肉品质见表 4。

表 4　雁鹅肉品质

性别	肉色			pH	剪切力 (N)	脂肪 （%）	蛋白质 （%）	水分 （%）	蒸煮损失 （%）
	a	b	L						
公	16.3±2.2	8.6±2.2	52.8±4.9	6.0±0.3	35.4±11.9	2.3±0.2	20.8±0.2	74.2±1.5	43.0±3.9
母	16.6±3.2	8.8±2.0	54.0±5.3	5.9±0.2	37.5±10.6	2.0±0.2	21.0±0.3	75.1±0.4	43.9±3.1

注：2022 年 8 月由安徽农业大学在旌德县三溪镇先锋家庭农场测定 70 日龄公、母鹅各 30 只（地面平养）。

（三）毛绒性能

雁鹅毛绒性能见表 5。

表 5　雁鹅毛绒性能

性别	毛绒总重 (g)	绒重 (g)
公	510.6±23.3	47.5±2.5
母	473.5±12.4	45.7±1.3

注：2022 年 8 月由安徽农业大学在旌德县三溪镇先锋家庭农场测定 120 日龄公、母鹅各 30 只（地面平养）。

（四）繁殖性能

雁鹅 5% 开产日龄为 270 ~ 285 日龄，平均开产体重 3.9 ~ 5.5 kg，43 周龄产蛋率约为 39.8%，年产蛋 27 ~ 29 个，种蛋合格率约 86.8%，产蛋期存活率 93.8%。自然交配，公母比例 1 :（4 ~ 5），种蛋受精率 85% ~ 88%，受精蛋孵化率 80% ~ 84%。雁鹅有繁殖季节性，繁殖期为 11 月到次年 5 月，母鹅就巢率 100%。

五、保护与利用

（一）保护情况

1989 年雁鹅被收录于《中国家禽品种志》；2006 年被列入《国家级畜禽遗传资源保护名录》；2020 年、2021 年被列入《国家畜禽遗传资源品种名录》；2009 年、2016 年、2023 年被列入《安徽省省级畜禽遗传资源保护名录》。

1959 年，安徽省农业科学院畜牧所从霍邱县购入雁鹅 100 只，建立了保种选育群。1962 年，从霍邱县选购 300 余只，由正阳关、方丘湖、寿西湖农场进行保种、选育工作。到 1965 年，安徽省农业科学院畜牧所已在全省建立了 23 个雁鹅繁殖基地，其中白茅岭农场饲养 5 000 余只，使郎溪、广德一带成了雁鹅新的饲养中心。1996 年成立了郎溪县雁鹅保种场。2022 年，郎溪县雁鹅保种场改制，旌德县三溪镇先锋家庭农场承担了保种任务。2023 年年底该保种场核心群 300 只，其中种公鹅 60 只，种母鹅 240 只，60 个家系。

（二）开发利用

旌德县三溪镇先锋家庭农场注册了"鸿鹄荡""雁妈咪"两个商标。安徽省发布了地方标准《雁鹅》（皖 D/XM 18—87）。

雁鹅群体

六、评价与展望

　　雁鹅属中等体型鹅种，抗性强、肉质好、耐粗饲，产蛋量较少。近年来该品种数量少，性能退化较为严重，亟待加强保护。

蜂

华南中蜂

华南中蜂（South China Chinese bee），曾用名皖南中蜂。

一、一般情况

（一）分布情况

华南中蜂在安徽省主要分布于黄山市、宣城市、池州市等皖南山区，在芜湖市、马鞍山市、铜陵市等地也有分布。

（二）产区自然生态条件

皖南山区位于北纬 29°27′—31°15′、东经 116°39′—119°34′，以山地、丘陵为主，间有盆地、河谷和平原，农田较少，著名的黄山山脉呈东北至西南走向，构成了本地区的地形骨架，海拔 110 ~ 1 873m。产区属亚热带湿润季风气候，年平均气温 15 ~ 16℃，年最高气温 41.3℃，年最低气温 −16.1℃；年平均日照时数 1 629.7h；无霜期 210 ~ 230d；年平均降水量 1 187 ~ 1 767mm；年平均相对湿度 81.4%。境内河流主要有长江、新安江、青弋江、水阳江四大水系。土壤类型主要有黄棕壤、红壤、黄壤、紫色土和冲积土，山地层较厚，质地疏松。自然植被生长茂盛，土质肥沃，森林覆盖率达 59.1%。蜜源植物种类多、分布广，除林木、野生草本蜜源植物外，还有各种农作物、经济作物、果树和药用植物，主要蜜源有桂花、油菜、乌桕、枇杷、柑橘、五倍子、紫云英、茶花等 20 余种。

二、品种来源与变化

（一）品种形成

南朝（420—479 年）《永嘉地记》中记载："今宛陵（安徽宣城）有黄连蜜，则色黄而味小苦。"唐朝（877 年）《岭表录异》中记载："恂曾游宣（州）、歙（县）间见彼中人好食蜂儿，状为蚕蛹而莹白。"北宋（1061 年）《本草图经》中记载："食蜜亦有两种，一在山林木上作房一在人家作窝槛收养之蜜皆浓厚味美。近世宣州有黄连蜜，色黄，味小苦，主本目热。"元代王祯在安徽旌德县任县尹时（1295—1300 年），所著的农书中记载："人以竿高悬，笠帽召之，三面扬土阻其出路，蜂自避入笠中，收入，将笠装于布袋悬空处，至晚移于桶内。"由此可见，华南中蜂是中华蜜蜂在皖南地区生态条件下经过长期自然选择形成的。

（二）群体数量及变化情况

1983年，安徽省华南中蜂群体数量为5.65万群；2002年3万余群；2021年，华南中蜂群体数量为9.68万群。

三、品种特征和性能

（一）形态特征

蜂王体色为黑赤色，腹部黑色，略带铁青色的光泽，体长（14.616±0.833）mm，初生重（136.0±4.0）mg。

雄蜂全身黑色，体背绒毛呈灰色，翅透明、呈淡褐色，体长（13.284±0.344）mm，初生重（118.0±3.0）mg。

工蜂体色为黑褐色或褐色，腹部褐黄色，盾片呈黄褐色，腹部环节显著，呈褐（黑）黄分明，全身有黄褐色短绒毛，前额、胸部、腹下等处绒毛为灰色或浅褐色，足上绒毛多为灰色稍带黄，翅透明，翅脉褐色，

华南中蜂蜂王

华南中蜂雄蜂

华南中蜂工蜂

安徽畜禽遗传资源志 | Livestock and Poultry Genetic Resources In Anhui

翅膜呈淡黄褐色。主要形态指标见表1。

表1 华南中蜂主要形态指标 单位：mm

蜜蜂类型	测定指标	均值 ± 标准差
工蜂	前翅长	8.37±0.06
	前翅宽	2.93±0.04
	第三腹板长	2.54±0.04
	第三腹板蜡镜长	1.25±0.05
	第三腹板蜡镜斜长	2.08±0.06
	第三腹板蜡镜间距离	0.28±0.04
	第六腹板长	2.37±0.03
	第六腹板宽	2.79±0.04
	第二背板长	2.03±0.03
	第三背板长	1.84±0.03
	工蜂第四背板长	1.80±0.02
	后足股节长	2.32±0.04
	后足胫节长	3.05±0.04
	后足基跗节长	2.02±0.36
	后足基跗节宽	1.06±0.02
	吻长	4.93±0.08
	后翅钩数	17.24±0.10
	肘脉指数	3.40±0.20

注：2022年8月，安徽省农业科学院蚕桑研究所在泾县永春养蜂专业合作社种蜂场随机选取测定蜂群10群。

（二）生物学特性

繁殖高峰期平均日产卵量为600～800粒，最高日产卵量为1 200粒。育虫节律受气候、蜜源等外界条件影响较明显。维持群势能力较强，一般群势为5～7框蜂，最大群势达8框蜂以上。分蜂性中等，盗性一般，温驯性较好。

善于利用晚秋和早春蜜源，适应性强，飞翔迅速，嗅觉灵敏，工蜂出勤早、收工晚，有效采集时间长，在山区微雨、雾日或7℃左右的低温天气也能出巢采集。抗美洲幼虫腐臭病、蜂螨及胡蜂能力强。

（三）生产性能

以产蜜为主，蜂蜡、蜂花粉产量较少，蜂产品产量受当地气候、蜜源等自然条件和饲养方式的影响很大。主要流蜜期每群平均产蜜量（4.87±1.25）kg；每群年平均产蜜量20～30kg、产蜡量（1.04±0.17）kg、产粉量（1.84±0.57）kg。

四、饲养管理

饲养方式有定地饲养和小转地饲养两种，其中定地饲养占90%。大多数蜂群采用活框饲养。

五、保护与利用

（一）保护情况

2011年，华南中蜂被收录于《中国畜禽遗传资源志·蜜蜂志》；2000年被列入《国家畜禽品种保护名录》；2006年、2014年被列入《国家级畜禽遗传资源保护名录》；2009年、2016年和2023年被列入《安徽省省级畜禽遗传资源保护名录》。

2021年，泾县永春养蜂专业合作社被确定为省级皖南中蜂保种场，歙县深渡镇中蜂养殖基地协会、宁国市动物卫生监督所被确定为省级皖南中蜂保护区建设单位，并与省农业农村厅、资源所在地县级政府签订了三方保种协议，保种群分别为500群、8 000群、3 500群。2024年，泾县永春养蜂专业合作社被确定为国家中蜂（华南中蜂）保种场。

（二）开发利用

安徽省发布了《皖南中蜂选育技术规范》（DB34/T 2278—2014）、《枇杷中蜂授粉技术规程》（DB34/T 3998—2021）、《皖南中蜂养殖技术规范》（DB34/T 4409—2023）。

相关企业注册有"高山森林土蜂蜜""泾蜂缘""谷岚山""五蜂园""歙县深渡葩蜜""徽黄蜂蜜"等多个商标。

华南中蜂三型蜂群体

华南中蜂饲养环境

六、评价与展望

华南中蜂群势强，耐热性好，善于利用零星蜜粉源。抗美洲幼虫腐臭病，抗蜂螨、抗敌害。饲养华南中蜂对山村经济发展有重要作用。

华中中蜂

华中中蜂（Central China Chinese bee）。

一、一般情况

（一）分布情况

华中中蜂在安徽主要分布于六安市、安庆市等大别山地区，在合肥市、淮北市和宿州市等地也有分布。

（二）产区自然生态条件

大别山区地处北纬 30°31′—31°44′、东经 115°25′—117°10′，境内以山地为主，地形多样，海拔 90 ~ 1 750m。产区属季风副热带湿润气候，年平均气温 14 ~ 16.8℃，年最高气温 47℃，年最低气温 −10.6 ℃；年平均日照时数 1 400 ~ 1 600h；无霜期 210 ~ 240d；年平均降水量在 1 496.4 ~ 1 525.8mm；年平均相对湿度 79%；年平均日照时数 1 400 ~ 1 600h。境内主要河流有皖河、淠河、燕子河、史河等。土壤类型主要有黄棕壤、黄红壤、沙泥土等。蜜源植物丰富，主要蜜源有油菜、乌桕、荆条、板栗和油茶等。

二、品种来源与变化

（一）品种形成

明朝万历六年（1578 年）成书的《本草纲目》记载："食蜜亦有两种：一在山林木上作房，一在人家作窠槛收养之，蜜皆浓厚味美。……亳州太清宫有桧花蜜，色小赤……"著者李时珍对上述记载已明确交代源出于《图经本草》，该书成书于北宋嘉祐六年（1061 年）。由此可见，华中中蜂是中华蜜蜂在大别山区生态条件下经过长期自然选择形成的。

（二）群体数量

2021 年，安徽省华中中蜂群体数量为 3.5 万群。

三、品种特征和性能

（一）形态特征

　　蜂王体色黑灰色，少数呈棕红色，蜂王腹节有棕红色环带，翅透明色，蜂王体长（15.714±0.997）mm，初生重（152.0±0.1）mg。

　　雄蜂全身黑色，体背绒毛呈灰色，翅透明、呈淡褐色，体长（13.988±0.455）mm，初生重（119.0±3.0）mg。

　　工蜂多数呈黑色，腹节背板有明显的黄环。盾片呈黄褐色，腹部环节显著，呈褐（黑）黄分明，全身有黄褐色短绒毛，前额、胸部、腹下等处绒毛为灰色或浅褐色，足上绒毛多为灰色稍带黄，翅透明，翅脉褐色，翅膜呈淡黄褐色。主要形态指标见表1。

华中中蜂蜂王

华中中蜂雄蜂

华中中蜂工蜂

表 1 　华中中蜂主要形态指标 　　　　　　　　　 单位： mm

蜜蜂类型	测定指标	均值 ± 标准差
工蜂	前翅长	8.57±0.09
	前翅宽	3.02±0.04
	第三腹板长	2.59±0.04
	第三腹板蜡镜长	1.29+0.02
	第三腹板蜡镜斜长	2.18±0.03
	第三腹板蜡镜间距离	0.24±0.02
	第六腹板长	2.54±0.38
	第六腹板宽	2.88±0.04
	第二背板长	2.06±0.04
	第三背板长	1.87±0.04
	第四背板长	1.81±0.02
	后足股节长	2.34±0.03
	后足胫节长	3.13±0.04
	后足基跗节长	1.93±0.04
	后足基跗节宽	1.10±0.02
	吻长	5.08±0.07
	后翅钩数	17.63±0.62
	肘脉指数	3.70±0.28

注： 2022 年 8 月，由安徽省农业科学院桑蚕研究所在安徽省农业科学院岳西华中中蜂实验蜂场和岳西县弘扬家庭农场随机选取测定蜂群 10 群。

（二）生物学特性

繁殖高峰期平均日产卵量为 500 ~ 700 粒，最高日产卵量为 1 100 粒。育虫节律受气候、蜜源等外界条件影响较明显。维持群势能力较强，一般群势为 5 ~ 6 框蜂，最大群势达 8 框蜂以上。分蜂性一般，盗性中等，温驯性较好。

早春进入繁殖期较早。抗寒性能强，冬季气温在 0℃ 以上时，工蜂便飞出巢空中排泄。抗美洲幼虫腐臭病、蜂螨及胡蜂能力强。

（三）生产性能

华中中蜂通常只生产蜂蜜，不生产蜂王浆、蜂胶，少量生产蜂蜡、蜂花粉。传统饲养年均群产蜂蜜5 ~ 20 kg，活框饲养年均群产蜂蜜 20 ~ 40 kg。

四、饲养管理

饲养方式有定地饲养和小转地饲养两种，其中，定地饲养占 80%。大多数蜂群采用活框饲养。

五、保护与利用

（一）保护情况

2011 年，华中中蜂被收录于《中国畜禽遗传资源志·蜜蜂志》；2000 年被列入《国家畜禽品种保护名录》；2006 年、2014 年被列入《国家级畜禽遗传资源保护名录》；2023 年被列入《安徽省省级畜禽遗传资源保护名录》。

（二）开发利用

饲养华中中蜂已成为产区产业振兴的主要途径之一，在乡村振兴产业中发挥着重要作用。

华中中蜂三型蜂群体

六、评价与展望

华中中蜂具有繁育快、维持强群、采集力强、抗逆性强、性情温驯、耐寒等优良性状，是珍稀的遗传资源，具有研究和开发利用前景。

培育品种（配套系）

培育品种

皖临白山羊

皖临白山羊（Wanlin white goat），属肉用型山羊培育品种。

一、一般情况

皖临白山羊是由合肥博大牧业科技开发有限责任公司牵头培育的肉用山羊品种，主要分布于合肥市肥东县、阜阳市临泉县。

二、培育过程

（一）育种素材

皖临白山羊由安徽白山羊、萨能山羊和波尔山羊三个亲本杂交选育而成。

（二）培育单位

合肥博大牧业科技开发有限责任公司、安徽农业大学、安徽恒丰牧业有限公司、中国农业科学院北京畜牧兽医研究所、阜阳师范大学、安徽省牛羊产业协会、临泉县中原牧业发展中心。

（三）培育过程

自 2003 年开始，培育单位利用安徽白山羊、萨能山羊和波尔山羊的三元杂交群体，与安徽白山羊进行回交，选择理想型个体组成育种核心群，经 4 个世代选育，培育出皖临白山羊，含安徽白山羊、萨能山羊和波尔山羊的血缘分别为 62.5%、12.5% 和 25.0%。2022 年，皖临白山羊通过国家畜禽遗传资源委员会审定（农业农村部公告第 635 号）。

三、品种特征和性能

（一）体型外貌特征

1. **外貌特征** 皖临白山羊体型较大，全身结构匀称紧凑；全身被毛白色；头上宽下窄，呈倒三角形；耳

较大中等，向下垂或向前伸展；颈长短适中；背腰宽平，四肢粗壮，蹄质坚实。公羊有角者角粗大，向上、向后、向外伸展；母羊有角者角较小，呈镰刀形；公羊体态雄壮，阴囊下垂，两睾丸大小均匀。母羊体型清秀，乳房中等、呈半圆形。

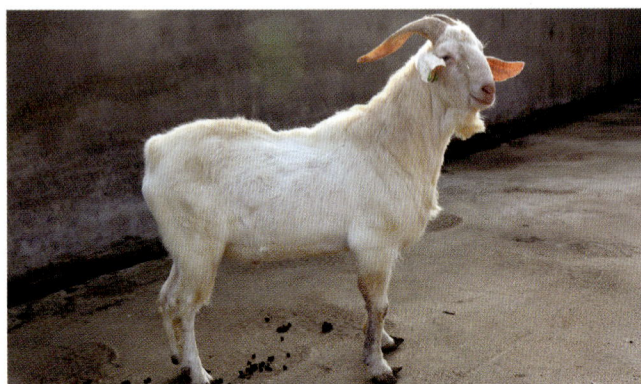

皖临白山羊公羊　　　　　　　　　　　　　　　　皖临白山羊母羊

2. 体重和体尺　皖临白山羊成年体重和体尺见表1。

表1　皖临白山羊成年体重和体尺

性别	体重（kg）	体长（cm）	体高（cm）	胸围（cm）
公	66.16	81.25	73.44	92.21
母	50.32	70.20	66.39	81.60

注：2021年6月由安徽农业大学在安徽恒丰牧业有限公司测定成年公羊20只、母羊60只（舍饲）。

（二）生产性能

1. 生长发育　皖临白山羊生长发育测定结果见表2。

表2　皖临白山羊生长发育　　　　　　　　　　　　　　　　　　　　　单位：kg

性别	初生重	断奶重	12月龄体重
公	3.12	12.38	52.53
母	2.72	11.42	40.74

注：2021年6月至2022年6月由安徽农业大学在安徽恒丰牧业有限公司测定初生、断奶公、母羊各60只，12月龄公羊20只、母羊60只（舍饲）。

2. 产肉性能　皖临白山羊6月龄产肉性能见表3。

表 3　皖临白山羊 6 月龄产肉性能

性别	眼肌面积（cm²）	屠宰率（%）	净肉率（%）	肉骨比	肋肉厚（mm）
公	13.06	54.48	46.74	6.07	17
母	12.90	53.51	47.10	7.36	17

注：2022 年 8 月由安徽农业大学在安徽恒丰牧业有限公司测定 6 月龄公、母羊各 18 只（舍饲）。

3. **肉品质**　皖临白山羊 6 月龄胴体肌肉品质见表 4。

表 4　皖临白山羊 6 月龄胴体肌肉品质

性别	肉色评分	pH	失水率（%）	肌内脂肪含量（%）		
				背最长肌	腿肌	胸肌
公	4.5±0.28	5.34±1.22	2.18±0.83	3.71±0.55	2.87±0.20	2.98±0.34
母	4.2±0.41	5.74±1.24	2.41±0.74			

注：2022 年 8 月由安徽农业大学在安徽恒丰牧业有限公司测定 6 月龄公、母羊各 18 只（舍饲）。

4. **繁殖性能**　皖临白山羊母羊常年发情，以春、秋季节最为旺盛。母羊 3 月龄左右出现初情期，4 月龄性成熟，适配年龄为 8 月龄左右，平均 1.77 胎 / 年；平均胎产羔率为 255.3%，以双羔和三羔为主。

皖临白山羊公羊 8 月龄左右性成熟；12 月龄体重达到成年羊的 70% 左右时，为适宜的配种年龄。

5. **适应性**　皖临白山羊在安徽省 20 多个县（市）中试均表现出良好的适应性，公羊配种、母羊繁殖、羔羊生长发育表现良好。

四、推广利用情况

2023 年上半年推广种羊 5 000 多只，生产优质商品肉羊近 2 万只。

五、品种评价

皖临白山羊具有抗逆性强、耐粗饲、适合舍饲等优良特点。由于导入萨能奶山羊血液，母羊产奶性能高，后代奶水充足、成活率高。在屠宰率、净肉率方面均优于其三个亲本，是优秀的肉用山羊品种。

皖临白山羊群体

皖南黄兔

皖南黄兔（Wannan yellow rabbit），属肉用型兔培育品种。

一、一般情况

皖南黄兔是由安徽省义华农牧科技有限公司牵头培育的肉用品种。中心产区为池州市石台县和安庆市宿松县。主要分布在池州、安庆、宣城等市。2021 年，安徽省皖南黄兔群体数量为 6 706 只，其中种公兔931 只、种母兔 4 150 只。

二、培育过程

（一）育种素材

皖南黄兔由福建黄兔和新西兰白兔杂交培育而成。

（二）培育单位

安徽省义华农牧科技有限公司、安徽省农业科学院畜牧兽医研究所、安徽省畜禽遗传资源保护中心和中国农业科学院北京畜牧兽医研究所等单位联合培育。

（三）培育过程

自 2008 年开始，培育单位利用福建黄兔和新西兰白兔为亲本，经过杂交、横交固定和系统选育三个阶段，历经五个世代的系统选育，培育出皖南黄兔，含福建黄兔和新西兰白兔的血缘分别为 75% 和 25%。2021 年皖南黄兔通过国家畜禽遗传资源委员会审定（农业农村部公告第 498 号）。

三、体型外貌特征

（一）外貌特征

皖南黄兔体型中等、体质结实。被毛黄色粗短、光泽性好，下颌、胸腹及肢体末端白毛，黄毛纤维上部为黄色，根部为白色。头纺锤形，大小适中，公兔较粗壮，母兔较清秀。眼球黑色、两耳直立、颈圆而粗，颈部肉髯较小。背腰平直，臀部宽圆、肌肉丰满，腹部紧凑，四肢端正有力，行走敏捷。公兔双睾发育正常，母兔乳房发育良好，母兔乳头 4 ～ 5 对，4 对居多。

皖南黄兔公兔

皖南黄兔母兔

（二）体重和体尺

皖南黄兔成年体重和体尺见表 1。

表 1　皖南黄兔成年体重和体尺

性别	体重（g）	体长（cm）	胸围（cm）	耳长（cm）	耳宽（cm）
公	3 631.2±135.1	51.2±1.8	31.6±1.4	12.6±1.1	6.8±0.5
母	3 863.8±251.8	52.8±1.7	31.5±1.8	12.9±0.8	6.7±0.5

注：2022 年 9 月由安徽省农业科学院畜牧兽医研究所在安徽省义华农牧科技有限公司种兔场测定 10 月龄公、母兔各 30 只（笼养）。

四、生产性能

（一）产肉性能

皖南黄兔产肉性能见表 2。

表2 皖南黄兔产肉性能

性别	断奶重（g）	宰前活重（g）	日增重（g）	料重比	全净膛重（g）	半净膛重（g）	全净膛屠宰率（%）
公	536.3±45.3	2400.4±90.2	33.3±1.9	3.7±0.1	1249.0±99.3	1395.5±110.3	52.0±3.4
母	526.7±46.9	2475.0±86.5	34.8±1.8	3.7±0.1	1261.2±91.3	1396.0±102.3	50.9±2.8

注：2022年8月由安徽省农业科学院畜牧兽医研究所在安徽省义华农牧科技有限公司种兔场测定12周龄公、母兔各30只（笼养）。

（二）繁殖性能

皖南黄兔平均窝产仔数7.4只，21日龄平均窝重2252.0g、28日龄平均断奶窝重3584.2g，断奶成活率约为96.2%。皖南黄兔公、母兔性成熟期分别为5月龄、4月龄，妊娠期平均为30.1d；利用年限公、母兔均为2.5年左右。

（三）推广利用情况

皖南黄兔目前已示范推广到池州、宣城、安庆、六安、黄山等市。利用皖南黄兔优质兔肉，已开发富硒皖南黄兔等产品，注册了"义华"商标；2024年"石台皖南黄兔"入选全国第二批名特优新农产品名录。

安徽省发布了地方标准《皖南黄兔》（DB34/T 4491—2023）。

皖南黄兔群体

五、品种评价

皖南黄兔是在充分利用地方资源福建黄兔繁殖力强、适应性强、肉质优良等特性的基础上，导入引入品种新西兰白兔早期生长速度快、产肉性能好的优良基因，有效解决了地方肉兔资源生长速度慢、经济效益低下的突出问题，满足了优质兔肉的市场需求。

皖系长毛兔

皖系长毛兔（Wanxi angora rabbit），原名皖江长毛兔，属中型毛用培育品种。

一、一般情况

皖系长毛兔是由安徽省农业科学院畜牧兽医研究所牵头培育的粗毛型毛用品种。中心产区为宣城市绩溪县和亳州市谯城区，主要分布于宣城、亳州和阜阳等市。

2009 年，皖系长毛兔群体数量 1.75 万只，其中核心群种公兔 100 只，种母兔 480 只；2021 年，皖系长毛兔群体数量为 2.11 万只，其中种公兔 2 978 只，种母兔 1.44 万只。

二、培育过程

（一）育种素材

皖系长毛兔由德系长毛兔、新西兰白兔杂交培育而成。

（二）培育单位

安徽省农业科学院畜牧兽医研究所、安徽省固镇县种兔场、颍上县庆保良种兔场。

（三）培育过程

自 1991 年开始，培育单位利用德系安哥拉兔和新西兰白兔为亲本，经过杂交、横交固定和系统选育三个阶段，选择理想型个体组成育种核心群，历经五个世代的选育，培育出皖江长毛兔，含德系安哥拉兔和新西兰白兔的血缘分别为 75% 和 25%。2005 年，皖江长毛兔通过安徽省畜禽遗传资源委员会审定。2010 年，皖江长毛兔通过国家畜禽遗传资源委员会审定，正式命名为皖系长毛兔（农业部公告第 1493 号）。

三、体型外貌特征

（一）外貌特征

皖系长毛兔体型中等，体躯匀称，结构紧凑。被毛洁白，浓密而不缠结，柔软，富有弹性和光泽，无其他颜色个体。头中等大、呈圆形。眼大而光亮，眼球红色。双耳直立，耳尖少毛或一撮毛。背腰宽而平直，发育良好，腹部紧凑。臀部钝圆，四肢端正强健，脚底毛丰厚。公兔双睾发育正常；母兔乳房发育良好，乳头 4 对以上，无瞎乳头。

皖系长毛兔公兔　　　　　　　　　　　　　　　皖系长毛兔母兔

（二）体重和体尺

皖系长毛兔成年体重和体尺见表 1。

表1　皖系长毛兔成年体重和体尺

性别	体重（g）	体长（cm）	胸围（cm）	耳长（cm）	耳宽（cm）
公	4376.9±282.0	52.4±1.5	34.6±1.6	12.6±0.7	7.1±0.4
母	4539.4±260.0	53.6±1.4	34.6±1.8	12.7±0.9	7.2±0.4

注：2022 年 2 月由安徽省农业科学院畜牧兽医研究所在绩溪县历久长毛兔养殖专业合作社种兔场测定 10 月龄公、母兔各 30 只（笼养）。

四、生产性能

（一）产毛性能

皖系长毛兔产毛性能见表 2。

表2　皖系长毛兔产毛性能

性别	第三次产毛量（g）	缠结毛重量（g）	采毛后体重（g）	估测年产毛量（g）	产毛率（%）	缠结毛率（%）
公	353.9±35.0	0	3959.7±219.5	1769.7±175.2	44.9±5.4	0
母	384.3±31.7	0	4065.3±283.8	1921.3±158.6	47.5±5.4	0

注：2022 年 5 月由安徽省农业科学院畜牧兽医研究所在绩溪县历久长毛兔养殖专业合作社种兔场测定 8 月龄、第三个养毛期公、母兔各 30 只（笼养）。

（二）毛品质

皖系长毛兔毛品质见表 3。

表 3　皖系长毛兔毛品质

性别	粗毛率（%）	毛纤维长度（细毛）（cm）	毛纤维长度（粗毛）（cm）	毛纤维直径（细毛）（μm）	毛纤维直径（粗毛）（μm）
公	17.7±1.7	62.4±6.2	94.1±5.7	17.6±1.2	48.8±3.7
母	20.3±1.9	55.4±4.2	84.7±4.4	17.1±0.9	51.2±4.7

注：2022 年 6—7 月由安徽省农业科学院畜牧兽医研究所在绩溪县历久长毛兔养殖专业合作社种兔场测定 8 月龄、第三个养毛期（73d）公、母兔各 30 只（笼养）。

（三）繁殖性能

皖系长毛兔平均窝产仔数 7.3 只，21 日龄平均窝重 2373.9g，42 日龄平均断奶窝重 5768.4g，断奶成活率约为 91.8%。

皖系长毛兔公、母兔性成熟期分别为 6 月龄、7 月龄；妊娠期平均为 31.1d；利用年限公、母兔均为 2.5 年左右。

（四）推广利用情况

1992—2008 年省内外累计推广种兔 3.8 万余只，二级繁育场推广 228 万只，建立专业户 2 792 户。2010—2012 年省内外累计推广 403 万只。

"国审新品种皖系长毛兔选育及配套技术的研究与应用"项目获 2013 年安徽省科学技术奖一等奖和 2015 年农业部中华农业科技奖二等奖。

安徽省发布了地方标准《皖江长毛兔》（DB34/T 1156—2010）。

皖系长毛兔群体

五、品种评价

皖系长毛兔是我国培育起步时间最早、选育持续时间最长的中型粗毛型长毛兔品种。主要生产性能已超过同类型的法系安哥拉兔，而且适应性强，更适合我国粗毛型长毛兔生产。皖系长毛兔年产毛量、粗毛率较高，毛品质优，繁殖力强，遗传性能稳定，已成为我国生产粗长毛产品的当家品种，其遗传资源具有较大的开发利用潜力。

培育配套系

类型	配套系名称	培育单位	公告时间	育种素材及配套模式
蛋用	凤达绿壳乌骨蛋鸡	荣达禽业股份有限公司 安徽农业大学 宣城市禽业协会	2006 年 6 月通过安徽省农业委员会审定，证书编号：皖牧审 2006 新品种证字第 7 号	三系配套：父本父系是东乡绿壳鸡；父本母系是贵妃鸡，母本采用罗曼褐壳蛋鸡父母代
蛋用	凤达粉壳乌骨蛋鸡	荣达禽业股份有限公司 安徽农业大学 宣城市禽业协会	2006 年 6 月通过安徽省农业委员会审定，证书编号：皖牧审 2006 新品种证字第 6 号	三系配套：父本父系是黑羽乌骨鸡；父本母系是贵妃鸡，母本采用罗曼褐壳蛋鸡父母代
蛋用	凤达 1 号蛋鸡配套系	安徽农业大学 荣达禽业股份有限公司	2016 年通过国家畜禽遗传资源委员会审定，证书编号：农 09 新品种证字第 72 号	三系配套：D1 系为父本，是由贵妃鸡导入高产褐壳蛋鸡血缘、横交固定后选育而成的白羽、快羽系；R1 系为母本父系，是由贵妃鸡选育而成的慢羽品系；D3 系为母本母系，由海兰褐壳蛋鸡父母代 CD 群选育而成
肉用	皖江黄鸡配套系	安徽华卫集团禽业有限公司、安徽农业大学	2009 年 7 月通过国家畜禽遗传资源委员会审定，证书编号：农 09 新品种证字第 27 号	以安纳克和岭南黄鸡以及江村黄鸡为育种素材。三系配套：皖江黄鸡配套系以 HA 系为母本父系；以 HB 品系为终端父本；以 HC 品系为母本母系
肉用	皖江麻鸡配套系	安徽华卫集团禽业有限公司、安徽农业大学	2009 年 7 月通过国家畜禽遗传资源委员会审定，证书编号：农 09 新品种证字第 28 号	以闽中麻鸡父母代为育种素材，组建了 3 个育种基础群。三系配套：早期生长快的个体组建第一父本（A 系）；早期生长较快、产蛋性能较好的个体第二父本（B 系）；产蛋性能高的个体组建母本（C 系）
肉用	山中鲜鸡	宣城市华栋家禽育种公司、安徽农业大学、宣城市畜牧兽医局	2006 年 6 月通过安徽省农业委员会审定，证书编号：皖牧审 2006 新品种证字第 5 号	以如皋黄鸡、皖南三黄鸡为育种素材。两系配套：采用家系和改良的正反反复选择法
肉用	徽鲜鸡	安徽华栋山中鲜农业开发有限公司、安徽农业大学	2024 年 9 月通过国家畜禽遗传资源委员会审定，证书编号：农 09 新品种证字第 108 号	以皖南三黄鸡（宣州鸡）、海南文昌鸡和江苏如皋鸡为育种素材，三系配套的慢速型优质肉鸡
肉用	强英鸭	黄山强英鸭业有限公司和安徽农业大学共同培育	2020 年 12 月通过国家畜禽遗传资源委员会审定，证书编号：农 10 新品种证字第 9 号。2021 年被列入《国家畜禽遗传资源品种目录》	以美系北京鸭、英系北京鸭和北京鸭 3 个鸭种作为育种素材，采用现代家禽育种方法培育而成的四系杂交肉鸭配套系

参考文献

陈国宏，王克华，王金玉，等，2004. 中国禽类遗传资源 [M]. 上海：上海科学技术出版社 .

陈国宏，2013. 中国养鹅学 [M]. 北京：中国农业出版社 .

程广龙，2014. 安徽省驴产业发展的现状、问题及建议 [J]. 中国草食动物科学 ,34(5):70-72.

陈伟生，徐桂芳，2004. 中国家畜地方品种资源图谱 [M]. 北京：中国农业出版社 .

谷子林，秦应和，任克良，等，2013. 中国养兔学 [M]. 北京：中国农业出版社 .

国家畜禽遗传资源委员会，2011. 中国畜禽遗传资源志·猪志 [M]. 北京：中国农业出版社 .

国家畜禽遗传资源委员会，2011. 中国畜禽遗传资源志·家禽志 [M]. 北京：中国农业出版社 .

国家畜禽遗传资源委员会，2011. 中国畜禽遗传资源志·牛志 [M]. 北京：中国农业出版社 .

国家畜禽遗传资源委员会，2011. 中国畜禽遗传资源志·羊志 [M]. 北京：中国农业出版社 .

国家畜禽遗传资源委员会，2011. 中国畜禽遗传资源志·马驴驼志 [M]. 北京：中国农业出版社 .

国家畜禽遗传资源委员会，2011. 中国畜禽遗传资源志·蜜蜂志 [M]. 北京：中国农业出版社 .

国家畜禽遗传资源委员会，2012. 中国畜禽遗传资源志·特种畜禽志 [M]. 北京：中国农业出版社 .

胡悦谦，1976. 合肥西郊隋墓 [J]. 考古 (02):134-140+77+150-152.

纪春华，吴群，吕训，等，2010. 安徽天长三角圩 27 号西汉墓发掘简报 [J]. 文物 (12):17-25+1+97.

李炳坦，陈效华，张照，等 .1982. 中国猪种（二）[M]. 上海：上海人民出版社 .

刘汉文，邢兰生，陈国宏，等，2003. 亳州斗鸡资源研究 [J]. 中国家禽 (S1)：36-39.

卢茂村，1997. 安徽古代家禽家畜 - 羊 [J]. 农业考古 (3):270-274.

卢茂村，1999. 安徽古代的家禽畜 - 鸡 [J]. 农业考古 (1):295-299.

卢茂村，1999. 安徽古代的家禽家畜 [J]. 农业考古 (3):287-296+264.

卢茂村，2000. 安徽古代的家禽家畜 - 猪 [J]. 农业考古 (3):279-285.

卢茂村，2001. 安徽古代家禽家畜 - 鹅 [J]. 农业考古 (1):285-287.

卢茂村，2002. 安徽古代家禽家畜 - 鸭 [J]. 农业考古 (3):286-289.

全国畜牧总站，2021. 中国畜禽遗传资源 (2011—2020 年)[M]. 北京：中国农业出版社 .

苏希圣，李瑞鹏，1990. 安徽寿县出土的两件汉代绿釉陶模型 [J]. 文物 (1):94-95.

王维明，1998. 安徽养蜂史述要 [J]. 养蜂科技 (6):32-35.

朱振文，1997. 安徽全椒县卜集东吴砖室墓 [J]. 考古 (5):90-93+104.

中国农业科学院畜牧研究所，1986. 中国猪品种志 [M]. 上海：上海科学技术出版社 .

中国农业科学院畜牧研究所，1989. 中国家禽品种志 [M]. 上海：上海科学技术出版社 .

中国农业科学院畜牧研究所，1988. 中国牛品种志 [M]. 上海：上海科学技术出版社 .

中国农业科学院畜牧研究所，1989. 中国羊品种志 [M]. 上海：上海科学技术出版社 .

中国农业科学院畜牧研究所，1987. 中国马驴品种志 [M]. 上海：上海科学技术出版社 .

《中国猪种》编写组，1976. 中国猪种（一）[M]. 上海：上海人民出版社 .

致谢

本书的基础资料源自《畜禽遗传资源调查报告》。参加调查报告起草的人员有(普查专业组人员，现场工作组人员，按姓氏笔画排序)：

猪专业组：

丁月云、王昆平、王重龙、邓亚飞、刘林清、许金根、孙诗昂、苏世广、李　瑞、李庆岗、李雪婷、邱宏业、张　威、张　峰、张晓东、陈万杰、陈文清、邵赛赛、周　梅、郑先瑞、郑梦浩、孟鑫鑫、胡　洪、闻爱友、徐可行、殷宗俊、董　林、蒋维虎

家禽专业组：

于士棋、万　意、卫　伟、马瑞钰、王　勇、王　新、王　鑫、王刚刚、王淑娟、方　毅、叶鹏飞、吉倩昀、朱　茜、任　曼、刘　伟、李　岩、李　雅、李俊营、杨万里、何鑫鑫、陈玉飞、陈兴勇、陈相名、金四华、胡忠泽、姜润深、耿照玉、贾富民、夏伦志、郭　兴、郭立平、曹程程、戚仁荣、常鹏辉、彭锦洲、程郁昕、税　斐、靳二辉、靳开明、詹　凯、窦宇昊

牛羊驴专业组：

王　佳、王世琴、邓孟云、朱治桦、朱德建、任清长、华金玲、刘　亚、刘旭光、刘洪瑜、江喜春、汤继顺、李立金、李运生、吴苏城、吴学壮、宋　宁、张运海、陈　胜、陈宏权、季　珂、金　宏、金　海、庞训胜、宗艳峰、赵拴平、柏　杨、秦文娟、贾玉堂、徐　磊、徐长志、凌英会、姬凯元、曹祖兵、曹鸿国、程广龙、潘欠欠

小动物专业组：

丁海生、王源朗、代君君、刘 震、刘姚姚、刘德义、孟祥金、赵小伟、赵辉玲、贺绍君、黄冬维、惠文巧、舒 蕊

现场工作组：

丁 飞、万 颖、车跃光、王 箐、王小龙、王世磊、王优旭、王 宇、王 林、王林华、王 凯、王 佳、王振平、王新瑶、王 福、韦培培、方 涛、左海鸥、龙小雪、叶圣山、田卫东、史文玉、付新领、吕李明、朱文胜、朱平生、朱明齐、朱 勇、朱振欣、朱晓林、朱涌峰、任 毅、刘文来、刘世保、刘 平、刘光林、刘旭欢、刘园园、刘 宏、刘德虎、齐德周、江 仲、江 锋、许文文、许章四、孙 淼、孙 亮、孙 涛、孙 普、孙 慧、严佩超、杜长书、李广斌、李永胜、李尚敏、李 凯、李 艳、李新路、杨 光、杨 咏、杨文超、杨艳丽、杨 敏、吴 杰、吴 浩、吴月圣、吴龙辉、吴仕安、吴立芬、吴永刚、吴和平、吴凌杰、邱孝青、何汉文、何宗来、何建生、辛 跃、汪文彬、沈 州、沈颂文、张 钦、张 剑、张文革、张兰花、张华林、张身嗣、张学道、张蕴冰、陈 鹏、陈本利、陈 永、陈加勤、陈宏达、陈美久、陈海根、范萍萍、欧立勇、罗联辉、周义奎、周天敏、周建军、周铭生、周得保、孟祥金、赵永芳、赵 虹、郝小鹏、胡 凯、胡小勇、胡俊杰、胡嘉彦、查 伟、查 琳、查德华、柳恒超、钟国发、施克荣、洪声安、姚有根、姚怀平、姚 淳、聂国友、贾昌泽、钱立祥、钱涛涛、倪少江、徐文明、徐 辉、高小龙、高文锡、高 斌、郭 强、郭大伟、郭亚楠、郭 静、唐世方、涂 锐、陶发文、陶金萍、桑晓媛、黄彩明、崔文竹、宿同宇、彭志文、董成达、蒋 镇、韩华刚、程圣芳、程亦先、程其发、程定文、程帮照、程保东、焦 俊、储兵奇、舒 翔、谢长明、鲍马羊、鲍官平、蔡 强、蔡宗海、臧 贺、潘家时、潘 磊

编写组借此机会向上述人员表示衷心感谢。

志书编写过程长、参与人员多，在编写过程中向我们提供过帮助的人员姓名可能会被遗漏，对此，我们表示诚恳的歉意。

《安徽畜禽遗传资源志》编委会